通济堰历史文化研究

戴建君论文集

戴建君　著

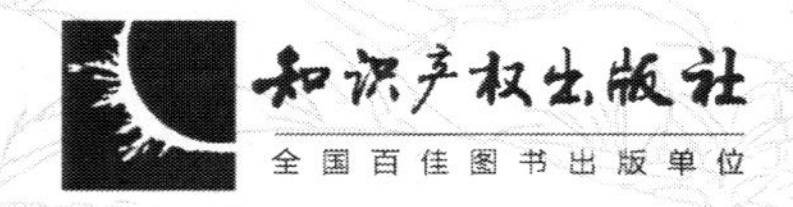

图书在版编目（CIP）数据

通济堰历史文化研究：戴建君论文集/戴建君著．
—北京：知识产权出版社，2015.6

ISBN 978-7-5130-3395-4

Ⅰ.①通…　Ⅱ.①戴…　Ⅲ.①水利工程—水利史—眉山市—文集
Ⅳ.①TV632.713-53

中国版本图书馆 CIP 数据核字（2015）第 053935 号

责任编辑：李　娟

通济堰历史文化研究——戴建君论文集

TONGJIYAN LISHI WENHUA YANJIU——DAIJIANJUN LUNWENJI

戴建君　著

出版发行：知识产权出版社有限责任公司　**网　　址**：http：//www.ipph.cn

http：//www.laichushu.com

电　　话：010-82004826

社　　址：北京市海淀区马甸南村 1 号　**邮　　编**：100088

责编电话：010-82000860 转 8594　**责编邮箱**：aprilnut@foxmail.com

发行电话：010-82000860 转 8101/8029　**发行传真**：010-82000893/82003279

印　　刷：北京中献拓方科技发展有限公司　**经　　销**：各大网上书店、新华书店及相关专业书店

开　　本：787mm×1092mm　1/16　**印　　张**：9.25

版　　次：2015 年 6 月第 1 版　**印　　次**：2015 年 6 月第 1 次印刷

字　　数：150 千字　**定　　价**：39.80 元

ISBN 978-7-5130-3395-4

前　言

只要有事物的存在，就会产生文化，一个存在了多年的事物，一定会蕴含深厚的历史文化。两千多年来，通济堰自身就积淀了丰厚的堰文化和水文化。

开创于公元前141年的四川通济堰，久历风尘，人文荟萃。研究通济堰的先驱们浓墨重彩，以各种形式记载了通济堰欣欣向荣、饱经风霜、艰难曲折的历史进程，给后人研究通济堰的发展留下了宝贵财富。虽然通济堰历史悠久，但能收集到的资料却是残章断简，因此我们有责任对其历史文化资料梳理挖掘，极深研几。

身为毕生就职于通济堰的水利史学者，有更多接触并研究通济堰的机会。这些年来，承蒙谭徐明教授点化，拙笔撰写了一些研究通济堰历史文化和管理方面的论文，旨在收集更多的研究素材，传承通济堰历史文化，弘扬通济堰治水精神，以"文化引领发展"的理念探索通济堰的科学管理和堰水文化遗产保护。

本人认为，论文仅仅代表个人的学术观点。但通过撰写论文寻捉归拢的史料和研究成果，可以作为充实、完善相关水利历史文化资料的资源。

著者

2015年3月

目 录

历史研究

文化探讨

管理探索

历史研究

通济堰肇始研究

摘　要：通济堰是古代创建在岷江中游至今仍然发挥巨大工程效益的著名大型引水灌溉工程，是眉山平坝工农业生产、确保城市环境的重要水源工程。它的创建年代众说纷纭。传统说依据《新唐书·地理志》认为通济堰由益州长史章仇兼琼于唐开元二十八年（公元740年）开创；近二十余年学术界通过对通济堰异名研究，认为通济堰有六水门、蒲江大堰、馨堰、远济堰、桐梓堰、解放渠等称呼，并依据《华阳国志·蜀志》将通济堰开创年代分别上溯到东汉末年（公元220年）和西汉末年（公元25年）；本文通过对“六水门”之称的具体分析，依据《中国水利百科全书·水利史分册》认为通济堰肇始于西汉景帝后三年（公元前141年），由蜀郡守文翁开创。

关键词：水利史　通济堰　创建　公元前141年　文翁

通济堰创建历史研究经历了“传统说”“蒲江大堰说”“六水门说”三个阶段。本文研究认为，通济堰肇始于西汉景帝后元三年（公元前141年），由蜀郡守文翁开创。

一、通济堰现状

通济堰是古代创建在岷江中游至今仍然发挥巨大工程效益的著名大型引水灌溉工程，主要功能是为灌区农业、工业、人畜饮水、城市环保水资源综合利用提供水源和调节灌区区间洪水。灌溉成都、眉山两市的新津、彭山、东坡、青神四县（区）52万亩农田，灌区有27家大中型企业、78家水产养殖场使用通济堰水源。

灌区地理位置在东经103°41′~103°55′，北纬29°5′~30°27′。灌区南北长约75

千米，东西宽约12千米，面积888.6平方千米。工程由长417米的引水拦河坝；总、东、西3条干渠长98.47千米；支渠65条，长363.43千米；斗渠304条，长493.81千米；支渠及以上各类渠系建筑物3786座组成。干渠沿岷江右岸平坝边缘与总岗山余脉长丘山交接之台南下。渠首位于四川省新津县城南，南河、西河与岷江汇流处。进口设计引水流量每秒48立方米，年平均引水量12亿立方米。

二、创建通济堰传统说

通济堰之名始见于《新唐书》。通济堰创建时间的传统说法为唐开元二十八年（公元740年）由益州长史、采访史章仇兼琼开。正式使用“通济堰”为名在唐末与五代间，即公元907年。

传统说法依据《新唐书·地理志》：眉州通义郡彭山县“有通济大堰一，小堰十。自新津邛江口引渠南下百二十里，至州西南入江，溉田千六百顷。开元中，益州长史章仇兼琼开”。大堰指干渠，小堰指支渠。邛江口即今新津南河汇入岷江之处。入江指通济堰尾水湃入岷江。同书又记蜀州唐安郡新津县“西南二里有远济堰，分四筒穿渠，溉眉州通义、彭山之田。开元二十八年（公元740年）采访史章仇兼琼开”。通义县今不存，分别并入东坡区、彭山县境。众多的史家都依据《新唐书·地理志》记载，以为通济堰乃唐开元时章仇兼琼创建。

中国文化史知识丛书编辑委员会出版的《中国古代著名水利工程》（1994年版）“唐朝穿凿的更重要的工程是远济（亦称通济）堰。远济堰在开元二十八年（公元740年）由益州地方官吏章仇兼琼主持穿凿。它从新津邛江（南河）口引渠南下，长60千米，至眉州（今眉山县）入岷江，溉田约16万亩。到唐末，远济渠更名为通济渠，眉州刺史张琳加以整修和扩建，溉田面积大幅度增加，史载达10万公顷。由于两人在水利建设方面的贡献很大，所以后来有这样一首诗讴歌他们：前有章仇后张公，疏决水利杭稻丰。南阳杜诗不可同，何不用之为天工。”《都江堰》（1986年版）和《中国水利史稿》（1987年版）也都肯定通济堰乃章仇兼琼所开。《中国水利史稿》（1987年版）称赞章仇是“扩展都江堰灌区”“贡献最大”的治水人物，指明“远济堰就是通济堰”且“工程质量很高，至今一千二百多年，一直发挥效益”。新津、彭山、眉山旧县志皆持此观点。《重修彭山县志》称：“通济堰亦名远济堰，又曰桐梓堰”，并注明“蜀水经注新津县城南大江分支为桐梓堰”。《二十五史河渠注》（1990年版）附录姚汉源教授注释《新唐书·地理志》：于新津远济堰、彭山通济堰均注明五代时（公元907~960年）“合为一渠”。

三、通济堰异名说

通济堰在历史上曾称之为六水门、蒲江大堰、馨堰、远济堰、通济堰、桐梓堰、“文化大革命”期间称解放渠，1983年恢复通济堰称谓。通济堰的异名研究在本文之前，曾分别将通济堰开创年代于上溯至东汉末年（公元220年）和西汉末年（公元25年）前。

（一）蒲江大堰是通济堰的前身

1915年，彭山县水利委员徐元烈《条陈通济堰利弊》：“通济堰原名蒲江大堰，其时水衹能灌至彭之土堰而止。”著名水利史学专家谭徐明教授撰写的《四川通济堰》（1987年版），根据我国岷江中游水利开发最早的文字记载，即晋穆帝时常璩所著《华阳国志·蜀志》于武阳县“有王乔彭祖祠，蒲江大堰，灌郡下，六门”，推断岷江中游水利开发早于唐代。武阳县即今彭山县，郡指犍为郡。蒲江系岷江支流，发源于四川名山县境，经今蒲江、邛崃两县，接纳邛崃诸水后入新津界注入岷江。邛崃至新津段后称南河，古名临邛水、邛水，入岷江处又称邛江口。谭教授据北魏孝明帝（公元520年左右）时郦道元所著《水经注·江水》：武阳县“此县藉江为大堰，开六水门，用灌郡下”，与常璩记载相近。而这个设有六水门的大堰，后世文献引宋人记载，认为即“眉州通济堰，自建安创始，溉蜀州之新津、眉州之眉山、彭山县田三十四万余亩。”《华阳国志》序言所记“肇自开辟，终乎永和三年”，则成书至少在东晋永和（公元345年）以前，与东汉建安（公元186~220年）相距最多125~149年。谭教授认为：“宋人的说法是可信的。据此可以推断蒲江大堰是通济堰的前身，始建时期应在东汉末年建安时”。

《中国水利百科全书·水利史分册》（2004年版）“通济堰之名最早见于《新唐书·地理志》。但筑堰引水的历史可上溯至东汉建安年间（公元196~219年）。唐开元二十八年（公元740年）益州长史章仇兼琼大兴岷江中游水利，‘自新津邛江口引渠南下，百二十里至州（今眉山）西南入江，溉田千六百顷’，建成后名‘通济堰’，实际是一次再建。”《农业知识》（四川信息港）：“通济堰，唐代四川地区兴建的大型水利工程。古称桐梓堰，又称远济堰。东汉末年始建，唐开元二十八（公元740年），剑南采访使章仇兼琼率众再建，自蜀州新津县邛江口开凿灌渠全长120千米，有大堰10座，小堰4座，灌溉面积约1.1万公顷，取名远济堰。唐僖宗（公元873~888年）时，眉州刺史张琳又加以扩建，灌溉面积增至10万公顷，改名通济堰。”（据考证，张琳扩建通济堰应为唐末公元907年，此处有误）。蒲江大堰之说，将通济堰的始建年代上溯了五百多年。

（二）六水门是通济堰的前身

北魏郦道元《水经注·江水》记载：“（武阳）县下江上，旧有大桥，广一里半，谓之安汉桥。水盛岁坏，民苦治功。后太守李严凿天社山，寻江通道。此桥遂废。”成都武侯祠博物馆研究员、考古学博士罗开玉《诸葛亮、李严权争研究》记载：“李严的另一政绩，是对蒲江大堰‘六水门’的大修。蒲江大堰六水门，以后又叫通济堰、通津堰、远济堰、馨堰等。”“李严见此，即率百姓开凿天社山，‘寻江信道，此桥遂废’。天社山，即今新津县城边上的老君山。这‘寻江信道’能替代桥梁，实是拦江大坝，能开闸放水，坝上可供人行过江。换言之，李严还重新修筑了‘六水门’枢纽工程，使其能连接江的两岸。另外，这大坝既然可替代‘县下’的过江大桥，也证明当时蒲江大堰枢纽位于蒲江口附近，与唐代以后，即现在的位置大不同。”

《四川省水利志》（1988年版）据唐代李吉甫力作《元和郡县图志》“馨堰，在（彭山）县西南二十五里。拥江水为大堰，开六水门，用灌郡下。公孙述僭号，犍为不属；述攻之，功曹朱遵拒战于六水门，是也”。与“大江，一名汶江，亦曰导江，在县东七里。”的记载，认为“江水南流，则西南二十五里无江，如按古代习惯以大江东流，则馨堰当今新津通济堰首，方位、里程均合。公孙述据蜀称帝，时为东汉光武元年（公元25年）四月，则开六水门，修通济堰不迟于西汉末年，何人创修无考。”同书在（通济堰·解放渠）一节中也指明，既然汉光武元年“已有六水门，则当在西汉时已有此堰（指通济堰）”“六水门故址，应在今新津县邓公场（现通济堰渠首）”。

《通济堰志》（1994年内部版）据《华阳国志·先贤仕女总赞》载：“朱遵，字仲孝，武阳人也。公孙述僭号，遵为犍为郡功曹，领军拒战于六水门，众少不敌，乃埋车轮，绊马必死，为述所杀。光武嘉之，追赠复汉将军，郡县为立祠。”灌区诸县旧县志对朱遵其人均有简要记载，或称县

"有朱遵祠"（《眉山县志》），或云"县旧有埋轮桥"，"即朱遵埋轮处"（《重修彭山县志》），或追赠将军及"郡县立祠"事（《眉山县志》），言之凿凿，显非虚构。又据清乾嘉年间在四川任知县达31年之久的李元所著《蜀水经》载："桐梓堰即《华阳国志》蒲江大堰，灌郡下六门也。"《蜀水经》出书于嘉庆五年，对四川历代江河源流、水系变迁，以及当时的水利设施均有介绍，应属可靠。且《中国农业百科全书·水利卷》（1987年版）对四川通济堰也载有："新津南至乐山，岷江干支流上自古多渠堰水利。西汉时彭山西南二十里岷江上有大堰，开六水门灌田，后名馨堰。"此书所载方向、里程虽然有误，但推断六水门"开"于西汉（公元前25年）则无疑是正确的。六水门一说，又把通济堰的始建年代上溯了两百年左右。

四、文翁开创通济堰研究

近二十年来史学对通济堰在西汉时业已存在，始建时间应不迟于西汉末年的研究成果，已被当代许多水利史学专家、学者认同。而六水门、蒲江大堰、馨堰、远济堰、通济堰、桐梓堰，称谓虽多，实则一堰，或通济堰异时之异名。尤其是"六水门"的线索为表明文翁于西汉景、武间开凿通济堰提供了研究素材。

（一）资料

（1）《中国水利百科全书·长江水利史》（1990年版）："西汉景帝时，蜀郡守文翁在岷江流域筑湔堰，在武阳县（今彭山县东）引岷江水筑大堰，开六水门灌溉。"

（2）《中国水利百科全书·水利史分册》（2004年版）："西汉景帝时，蜀郡守文翁在岷江流域筑湔堰，在武阳县（今四川彭山东）引岷江水筑大堰，开六水门灌溉。"

（3）《华阳国志·蜀志》（晋·常璩著，公元345~356年）武阳县："有王乔彭祖祠，蒲江大堰，灌郡下，六门"。同书："孝景帝末年，以庐江文翁为蜀守，穿湔江口，溉灌繁田千七百顷。"

（4）《水经·江水注》（北魏·郦道元著，公元520年）武阳县："此（武阳）县藉江为大堰，开六水门，用灌郡下"。

（5）《四川省水利志》（1988 年版）据唐代李吉甫力作《元和郡县图志》彭山县：“馨堰，在县西南二十五里。拥江水为大堰，开六水门，用灌郡下。公孙述僭号，犍为不属；述攻之，功曹朱遵拒战于六水门，是也”。同书卷三在（通济堰·解放渠）一节中也指明，既然汉光武元年（公元 25 年）“已有六水门，则当在西汉时已有此堰（指通济堰）”“六水门故址，应在今新津县邓公场”。

（6）《中国农业百科全书·水利卷》（1987 年版）四川通济堰：“新津南至乐山，岷江干支流上自古多渠堰水利。西汉时彭山西南二十里岷江上有大堰，开六水门灌田，后名馨堰。”

（7）《都江堰美学特征》（朱万河/文）：“汉，文翁‘穿湔江口，灌溉繁田’，开新渠‘通漕西山竹木’，修通济堰，造万水池。”

（二）推论

《中国水利百科全书·水利史分册》（2004 年版）第 160 页“通济堰（四川）”认为“筑堰引水的历史可上溯至东汉建安年间。”如果“六水门”是通济堰的前身，那么同书第 16 页“西汉景帝时，蜀郡守文翁在岷江流域筑湔堰，在武阳县（今四川彭山东）引岷江水筑大堰，开六水门灌溉。”文翁筑的这个大堰可以推测认为是通济堰。

（三）文翁开创通济堰的可能性

1. 文翁是西汉著名的水利专家

文翁（生卒不详），名党，字仲翁。西汉庐江郡龙舒（今安徽舒城）人。班固《汉书·地理志》：“景、武间，文翁为蜀郡守，教民读书法令”。官学始祖，公元前 141 年创办“文翁石室”，是中国历史上创办国立学校的第一个人。《华阳国志·蜀志》：“孝景帝末年，以庐江文翁为蜀守。翁穿湔江口，溉灌郫繁田千七百顷。”《四川水利志》（1988 年版）：“文翁穿湔江口兴建引水渠，创建了灌溉繁县（今彭县南部及新都一带）约 1. 1 万公顷（约合 12 万亩）农田的灌区，成为历史上最早扩引都江堰水源的功臣。在蜀时又曾采用竹木材料修筑陂塘，发展小型水利，文翁终于蜀，吏民为之建立祠堂，春秋祭祀不绝。”《都江堰水利志》（1983 年版）：“文翁，因其重视水利建设，发展农业生产，使蜀郡出现了‘世平道治，民物阜康’的局面。”《岷江志》

（1990年版）：“西汉蜀郡守文翁曾仿此扩灌湔江干渠。”表述文翁水利创举的例证还很多，这些资料都充分证明了文翁是西汉的水利专家，无可非议。

2. 文翁热衷水利建设

“善政莫大乎水利”，如前所述，文翁任蜀郡守间是水利建设的热心人，充分说明文翁具备开创通济堰的可能性。

（1）文翁在开创蒲阳河的同时，开凿了通济堰。

据《中国水利百科全书》（1990年版和2004年版）：“西汉景帝时，蜀郡守文翁在岷江流域筑湔堰，在武阳县（今四川彭山）引岷江水筑大堰，开六水门灌溉。”

第一，在岷江流域筑湔堰。“湔堰”是都江堰的古称。《与时俱进，中国特色的都江堰》（冯广宏/文）：“李冰建设的都江堰工程，以航运为主，到了汉代，农田灌溉的需求大增，扩建引水干渠势在必行。景帝末年任蜀郡太守的文翁，在蜀办了两件大事：一是修建石室兴学；二是《华阳国志》所说的“穿湔江口，溉灌繁田千七百顷”。据都江堰古称湔堰及《水经注》所称“湔溲”推测，当时应直接从堰首开渠引水，渠线偏北沿高地行进，兼用岷江和湔江两处水源。汉代繁县包括今彭州及新都的一部分，面积较大，而偏北耕地地势较高，推测文翁所开应为今蒲阳河（即都江堰内江向人民渠输水的干渠）高地灌渠，灌溉繁县的千七百顷农田，约相当于现在的1.1万公顷。”

第二，在武阳县（今彭山县）引岷江水筑大堰，开六水门灌溉。通济堰位于西汉武阳县境，在南河入岷江口引水，现灌溉新津、彭山、东坡、青神52万亩农田。所称“地理位置”和“大堰”均相吻合。“文翁在岷江流域筑湔堰（今蒲阳河）”，“在武阳县引岷江水筑大堰，开六水门（今通济堰）灌溉。”是两个不同地方的水利工程。

（2）文翁开凿通济堰肇始的时间应为公元前141年。

史料对文翁在蜀任职的时间记述不一。班固《汉书・循吏传》记为“景帝末，（文翁）为蜀郡守”；班固《汉书・地理志》“景、武间，文翁为蜀郡守。”景帝（公元前156~前141年），武帝（公元前140~前87年）；常璩《华阳国志・蜀志》记为“孝文帝末年（公元前157年以前），以庐江文翁为蜀守”；李焘《新修四斋记》记为“及元朔五年（公元前124年），诏天下郡国皆立学宫”。本文采用《汉书》说法，参考宋代宋祁《府学文翁祠画像十赞·文翁赞》“一年而业/二年而儒/五年大成/家诗户书”和1997年《成都石室中学简介》“公元前143年，蜀郡守文翁上任后继续整修都江堰扩大了水利工程。”之说，本文推测认为，文翁约于公元前143年到职任蜀守，景帝末年，即公元前141年开凿通济堰，距今已有整整2150年历史。

《汉书》《华阳国志》中的文翁生卒研考

摘　要：西汉官学创始人、著名水利专家文翁因研究其生卒的资料甚少，在研究文翁所涉及的教育、水利历史文化方面产生了不少的误区，使准确定位西汉时期教育、水利历史事件遇到了难题。本文通过对班固的《汉书》和常璩的《华阳国志》分解剖析，并以此为事实论据，认为班书、常志“文”“景”之说时点统一，并不矛盾。结果表明文翁生于汉高帝末年（公元前195年）或稍前，卒于武帝元光六年（公元前129年）之后。

关键词：教育　水利　人物史　文翁　生卒　研究

西汉文翁以“化蜀”之功，名垂青史；殊不知其治水兴蜀，千古流芳。由于文翁留给后世研究的资料甚少，尤其因文翁的生卒不详，学术界驳文颇多，更有《家谱》文翁（公元前156~公元前101年）的“记载”，出现“少（15岁以下）任蜀守”之谬，给文翁作出杰出贡献所涉及的教育、水利两大领域的历史文化研究，带来了不少的误区，使准确定位西汉时期教育、水利历史事件遇到了难题。本文仅通过对班固的《汉书》和常璩的《华阳国志》熟读深思、支分节解认为，两本书在记述文翁事件的时点上并不矛盾，各在其理。尤其班固的《汉书》虽然描述文翁的文字不多，但在描述文翁时，从汉初（公元前206年）到文翁去世多年后的平帝元始四年（公元4年）210年，用了近二十个时间词来表述文翁从“生”至“终”，为研究文翁生卒提供了强有力的支撑。

一、文翁在文帝末年入蜀

《汉书·文翁传》：“景帝末（公元前141年），为蜀郡守，仁爱好教化。”

《华阳国志》："孝文帝末年（公元前157年），以庐江文翁为蜀守，穿湔江口，溉灌繁田千七百顷。"

多数学者认为，"文帝末年"为"景帝末年"之"误"。本文认为，《汉书》《华阳国志》"文""景"之说各在其理，时点统一，并不矛盾。

（一）《汉书》《华阳国志》所述文翁的角度不同

《汉书》所记是因文翁在蜀创办官学，教化蜀民取得了举世瞩目的成就，推文翁为循吏之首，重点描述了文翁治学的过程。文翁"景帝末，为蜀郡守，仁爱好教化。"是指文翁担任蜀守时通过一系列的工作，至景帝末年已经取得了仁爱好教化的丰硕成果；《华阳国志》所记是指文翁到蜀后担任蜀守时"穿湔江口"扩大都江堰水利工程的事迹。

（二）《汉书》《华阳国志》参考的资料来源不同

班固从私撰《汉书》到受诏修史，主要取材于家藏图书和皇家档案；常璩著《华阳国志》主要资料来源于地方馆藏和涉事藏家。《华阳国志》既充分发挥了方志记载地方的优势，也填补了正史难以究达的史料空白，所以我们不能就《汉书》和《华阳国志》论其正野和"时间间隔"。

（三）文翁并非在景帝末才任蜀守

（1）《汉书·文翁传》列举了文翁化蜀有这样一个时间过程：移风易俗→教民读书法令→培养骨干→创办官学堂，且在记述中用了诸如"数岁""为用至""又""见""数年"等多个时间概念词。这既说明文翁取得的成就是循序渐进的，也说明了文翁的成就需要经过相当漫长的过程才能取得。因此，文翁"景帝末，为蜀郡守，仁爱好教化。"应当理解为：文翁身为蜀守，"见蜀地辟陋有蛮夷风，文翁欲诱进之"采取多种措施和方法教化蜀民，于景帝末年，通过多年仁爱施教，得到了教化蜀民的目的。而非来蜀任蜀守的短时间内，使蜀民被"化"了。

（2）如果景帝末年文翁任蜀郡守时才开始施教于蜀，那么文翁取得的化蜀成果应当在武帝建元元年（公元前140年）之后才能展示出来。这样，就与《汉书·循吏传》："至于文、景，遂移风易俗。是时，循吏如河南守吴公、蜀守文翁之属，皆谨身帅先，居以廉平，不至于严，而民从化。"相悖而自相矛盾。

这里要阐明，《汉书·循吏传》由概论、各循吏传、结论三部分组成，尤其在概论中采用了"断限"手法，足以证明班固之用心正说明：到了文、景时期，已成功移风易俗，其中"至"指到，"遂"指成功。而非起于武帝。同时在循吏排序上也是为了表明在平帝元始四年（公元4年）"诏书祀百辟卿士有益于民者，蜀郡以文翁，九江以召父应诏书。岁时郡二千石率官属行礼，奉祠信臣冢，而南阳亦为立祠。"这一结论而安排的。

（四）文翁因佐百姓农耕和治理水旱疾疫之灾而入蜀

《汉书·循吏传》："汉兴之初，反秦之敝，与民休息，凡事简易"云云，是说汉初，社会经济衰弱，朝廷推崇黄老治术，采取"轻徭薄赋""与民休息"的政策。自汉高帝吸取秦灭的教训，减轻农民的徭役和劳役等负担，注重发展农业生产。通过"文景之治"太平盛世，逐步恢复经济，到景帝末年和武帝初年，社会和国家都已经比较富庶。尤其汉文帝刘恒是大倡"农耕"的西汉第一位帝王。因多年诏民耕种，但官吏执行不力，于后元元年（公元前163年）提出了"有可以佐百姓者，率意远思"的征诏，使得安徽庐江舒人文翁才有机会离乡别井为蜀守。

1. 文翁入蜀的时代背景

汉文帝是一位非常重视农业生产的帝王，据《汉书·文帝纪》他在任上23年中曾5次诏曰并多次亲率群臣农耕劝民务农。汉文帝即位的第二年（公元前178年）就两次下诏，诏曰："夫农，天下之本也，其开籍田，朕亲率耕，以给宗庙粢盛。民谪作县官及贷种食未入、入未备者，皆赦之。"又诏曰："农，天下之大本也，民所恃以生也，而民或不务本而事末，故生不遂。朕忧其然，故今兹亲率群臣农以劝之。其赐天下民今年田租之半。"但时间过去了10年，农业生产依然停止不前，文帝十二年（公元前168年）诏曰："道民之路，在于务本。朕亲率天下农，十年于今，而野不加辟。岁一不登，民有饥色，是从事焉尚寡，而吏未加务也。吾诏书数下，岁劝民种树，而功未兴，是吏奉吾诏不勤，而劝民不明也。且吾农民甚苦，而吏莫之省，将何以劝焉？其赐农民今年租税之半。"又曰："孝悌，天下之大顺也；力田，为生之本也；三老，众民之师也；廉吏，民之表也。朕甚嘉此二三大夫之行。今万家之县，云无应令，岂实人情？是吏举贤之道未备也……"文帝深刻地认识到，民不耕种，是举贤之道有问题，官吏没有认真贯彻落实诏令，于是文帝经过深思熟虑研究后，于文帝后元元年（公元前163年）诏曰："间者数年比不登，又有水旱疾疫之灾，朕甚忧之。愚而不明，未达其咎。意者朕之政有所失而行有过与？乃天道有不顺，地利或不得，人事多失和，鬼神废不享与？何以致此？将百官之奉养或费，无用之事或多与？何其民食之寡乏也！夫度田非益寡，而计民未加益，以口量地，其于古犹有余，而食之甚不足，者其咎安在？无乃百姓之从事于末以害农者蕃，为酒醪以靡谷者多，六畜之食焉者众与？细大之义，吾未能得其中。其与丞相、列侯、吏二千石、博士议之，有可以佐百姓者，率意远思，无有所隐也。"

就是在"有可以佐百姓者，率意远思"这样的背景下，安徽庐江舒城人文翁才有了机遇被察举应诏，大概于文帝后元三年（公元前161年）背井离乡到四川，肩负蜀守佐百姓农耕的重任。

2. 文翁来蜀的任务是佐百姓农耕、治理水旱疾疫之灾

《随书·循吏》："……，文翁之为蜀郡，皆可以恤其灾患，导以忠厚，因而利之，惠而不费。其晖映千祀，声芳不绝。"如文帝诏告所述，文翁来蜀的主要任务是佐百姓农耕、治理水旱疾疫之灾。因此，《华阳国志》："孝文帝末年（公元前157年），以庐江文翁为蜀守，穿湔江口，溉灌繁田千七百顷。"的记载就不难理解了。

二、文翁在世淘掘

（一）文翁在安徽

《汉书·文翁传》："文翁，庐江舒人也。少好学，通《春秋》，以郡县吏察举。"说明文翁生于庐江舒（今安徽舒城），少年勤奋好学，精通《春秋》，是用郡县吏察举方式选拔升任蜀守的。

（1）敬老慈幼，幼学壮行是中华传统美德。《汉书·食货志》："民年二十受田，六十归田。七十以上，上所养也；十岁以下，上所长也；十一以上，上所强也。…则五十可以衣帛，七十可以食肉"。"是月，余子亦在于序室。八岁入小学，学六甲、五方、书计之事，始知室家长幼之节。十五入大学，学先圣礼乐，而知朝廷君臣之礼。其有秀异者，移乡学于庠序。庠序之异者，

移国学于少学。诸侯岁贡小学之异者于天子，学于大学，命曰造士。行同能偶，则别之以射，然后爵命焉。”据理，文翁 20 岁之前应当为学六甲、五方、书计、先圣礼乐之时。

（2）察举是从西汉高帝起采取的自下而上推选人才的制度，至武帝时达到完备。高帝十一年（公元前 196 年）二月首下求贤诏曰：“今天下贤者智能，岂特古之人乎？患在人主不交故也，士奚由进！今吾以天之灵、贤士大夫定有天下，以为一家，欲其长久，世世奉宗庙亡绝也。贤人已与我共平之矣，而不与吾共安利之，可乎？贤士大夫有肯从我游者，吾能尊显之。”开“察举制”先河；惠帝、吕后诏举“孝弟力田”，察举开始有了科目；文帝二年（公元前 178 年）十一月诏“举贤良方正能直言极谏者”，并且定下了“对策”（考试）和等第，才真正开始了西汉严格意义上的“察举制度”。文翁弱冠之年正遇察举制度的推行被郡县选为吏。

（3）汉初就制定了明确的官吏晋级制度。《汉书・高帝纪》：“二年二月癸未，令民除秦社稷，立汉社稷。施恩德，赐民爵。蜀、汉民给军事劳苦，复勿租税二岁。关中卒从军者，复家一岁。举民年五十以上，有修行，能帅众为善，置以为三老，乡一人。择乡三老一人为县三老，与县令、丞、尉以事相教，复勿徭戍。以十月赐酒肉。”《汉书・惠帝纪》：“（高帝）十二年四月，高祖崩。五月丙寅，太子即皇帝位，尊皇后曰皇太后。赐民爵一级。中郎、郎中满六岁爵三级，四岁二级。外郎满六岁二级。中郎不满一岁一级。外郎不满二岁赐钱万。宦官尚食比郎中，谒者、执楯、执戟、武士、驺比外郎。……又曰：‘吏所以治民也，能尽其治则民赖之，故重其禄，所以为民也。’”《汉书・食货志》：“边食足以支五岁，可令入粟郡、县矣。”文翁入士为吏，从小吏至长吏当经过十多年时间（从吏年龄应为 20~35 岁）的磨砺方能显示出被察举为郡守的基本才能出来，要出任郡守，文翁必定是一名通过选拔考察且具有县、郡丰富工作经验、踏实工作的地方官吏。因此文翁任蜀守年纪应在 35 岁左右或以上。

（二）文翁在蜀郡

文翁在蜀的主要贡献是治水和化蜀，直至终于蜀。从《汉书》《华阳国志》和相关史料中不难看出文翁在蜀的工作轨迹。

1. 穿湔江口

《华阳国志》："孝文帝末年，以庐江文翁为蜀守，穿湔江口，溉灌繁田千七百顷。"多数学者认为，文帝末年（公元前157年）有"误"，《汉书》中两处表述为景帝末（公元前141年）文翁为蜀守。本文前述认为文帝后元三年（公元前161年）文翁受荐入蜀为"文帝末年文翁穿湔江口"提供了前提。

文翁入蜀的主要任务是"佐百姓农耕"。而农难无水之耕。兴修水利成为了文翁首当其冲的考虑。时下，都江堰灌域遍及成都，但在成都北部虽有青白江自然河流，而因靠天集雨，春灌期严重时段缺水。文翁通过实地查勘，在彭州海窝子关口下将原来流入沱江的水从湔江蒲阳河开口分酾，并通过山脚扩建一条高干渠，将沱江上源水注入青白江，自流灌溉成都北部繁县（地跨今新都、彭州）高地12万余亩。

这项工程建设任务艰巨，通过3～5年扩建，于文帝末年（公元前157年）竣工。刘琳《华阳国志校注》"'穿湔江口'指开蒲阳河，一为自彭县关口流出的青白江。"

2. 开六水门

《中国水利百科全书·水利史分册》："西汉景帝时，蜀郡守文翁在岷江流域筑湔堰，在武阳县（今四川彭山东）引岷江水筑大堰，开六水门灌溉。""湔堰"指前述的湔江（蒲阳河）口；"六水门"为今成都南部仍然发挥灌溉效益的通济堰，现灌新津、彭山、东坡、青神4县（区）52万亩农田。

此处是西汉景帝时还是文帝末年？后世有许多争议。任乃强《华阳国志校补图注》纠驳了前人的诸多谬说，提出了大量新颖独到的见解，但就"景""文"相驳之说未加校补。从两书记载判断说明两个问题：一是文翁既在岷江流域筑了湔堰，也在岷江流域开了"六水门"；二是两处水利工程应当是在同时开辟的，且在景帝时发挥工程效益。

3. 移风易俗

文翁入蜀的第二大功绩就是移风易俗，使蜀民精神抖擞，以勤补拙。《汉书·循吏传》："至于文、景，遂移风易俗。是时，循吏如河南守吴公、蜀守文翁之属，皆谨身帅先，居以廉平，不至于严，而民从化。""遂"即顺利完成；"是时"即这个时期，这里特指"文、景"期间（公元前179年～

公元前141年)。文翁化蜀应当分为两个部分，一是为民办实事，居以廉平感化民众；二是整治官风，谨身帅先教化官吏。《汉书》这段文字足以说明：文翁在文帝任上在蜀，在景帝期间顺利完成了“而民从化”的任务。

4. 教民读书法令

《汉书·地理志》：“景、武间，文翁为蜀守，教民读书法令，……繇文翁倡其教，相如为之师，故孔子曰：‘有教亡类。’”

景、武期间（公元前156~公元前87年）是班固针对文、景（公元前179年~公元前141年）特意在时间上的推移。在这段时期，是文翁从化民至教民的升华，他针对各类不同类型的民众，让其随从不同的老师或教民读书或教民学习法令。

5. 培养骨干

《汉书·文翁传》：“见蜀地辟陋有蛮夷风，文翁欲诱进之，乃选郡县小吏开敏有材者张叔等十余人亲自饬厉，遣诣京师，受业博士，或学律令。……数岁，蜀生皆成就还归，文翁以为右职，用次察举，官有至郡守刺史者。”“欲”指想要；“诱”指诱导；“饬”指治理。

文翁在全面完成了“而民从化”的任务后，想到了治理官风，他采取诱导的方式选郡县小吏亲自告诫勉励并诣京受业或学律令。学成回蜀后越级使用，为后来办官学打下基础。

文翁这项举措至少在景帝末年（公元前141年）前。俗话说“百年树木，十年树人”，《汉书》记述中的“数岁”一定有较长的时间。不然，一个个郡县小吏，通过短时间的培训不可能胜任“右职”“次察举”“郡守刺史”的。正是文翁这项举措取得了成果，所以才有《汉书》赞曰：“景帝末，（文翁）为蜀郡守，仁爱好教化。”

6. 创办官学堂

《汉书·文翁传》：“又修起学官于成都市中，招下县子弟以为学官弟子，为除更徭，高者以补郡县吏，次为孝弟力田。常选学官僮子，使在便坐受事。每出行县，益从学官诸生明经饬行者与俱，使传教令，出入闺阁。县邑吏民见而荣之，数年，争欲为学官弟子，富人至出钱以求之。由是大化，蜀地学于京师者比齐鲁焉。至武帝时，乃令天下郡国皆立学校官，自文翁为之始云。”

经过培训骨干作基础，又招下县子弟以为学官弟子，在蜀地传教子夏“仕而优则学，学而优则仕”的儒家思想，始创“官学”，首倡“读书为官”论。经过数年大化，“争欲为学官弟子，富人至出钱以求之。”进京求学的蜀人赶上了齐鲁人。至此，武帝乃令天下郡国皆立学校官。

7. 往抚蜀人，耆俊告终

《华阳国志》：“学徒鳞萃，蜀学比于齐鲁。”“巴、汉亦立文学。孝景帝嘉之，令天下郡 、国皆立文学。”《汉书·文翁传》：“文翁终于蜀，吏民为立祠堂，岁时祭祀不绝。”

文翁在蜀投身水利建设、潜心教化蜀民，一恍时间过去了二三十年。由于化蜀成果得到了世人和帝王的充分肯定，文翁晚年决定往抚蜀人，直至生命终结。吏民为之立祠堂，岁时祭祀。

8. 推广官学，南阳立祠

《汉书·文翁传》：“至武帝时，乃令天下郡国皆立学校官，自文翁为之始云。”文翁不仅化蜀成果辉煌，而且礼官劝学瞩目，武帝元朔五年（公元前124年）诏曰：“盖闻导民以礼，风之以乐。今礼坏乐崩，朕甚闵焉。故详延天下方闻之士，咸荐诸朝。其令礼官劝学，讲议洽闻，举遗举礼，以为天下先。太常其议予博士弟子，崇乡党之化，以厉贤材焉。”正式在全国推广官学。平帝元始四年（公元4年）“诏书祀百辟卿士有益于民者，蜀郡以文翁，九江以召父应诏书。岁时郡二千石率官属行礼，奉祠信臣冢，而南阳亦为立祠。”

三、《汉书》《华阳国志》另证

（一）文翁与张叔

《汉书》《华阳国志》中提及与文翁有直接关联的人，主要记录了张叔其人。《汉书·文翁传》：“见蜀地辟陋有蛮夷风，文翁欲诱进之，乃选郡县小吏开敏有材者张叔等十余人亲自饬厉，遣诣京师，受业博士，或学律令。……数岁，蜀生皆成就还归，文翁以为右职，用次察举，官有至郡守刺史者。”《华阳国志》：“翁乃立学，选吏子弟就学。遣隽士张叔等十八人东诣博士，受七经，还以教授。……孝武帝皆徵入叔等为博士。叔明天文灾异，始作《春秋章句》。官至侍中，扬州刺史。”“叔文播教，变《风》为《雅》。道洽化迁，我实西鲁。张宽，字叔文，成都人也。蜀承秦后，质文刻野。太守文翁遣宽诣博士。东受《七经》，还以教授。於是蜀学比於齐鲁。巴、汉亦化之。景帝嘉之，命天下郡国皆立文学。由翁唱其教，蜀为之始也。宽从武帝郊甘泉、泰畤，过桥，见一女子裸浴川中，乳长七尺，曰：‘知我者帝后七车。’适得宽车。对曰：‘天有星主祠祀，不齐洁，则作女令见。’帝感寤，以为扬州刺史。复别蛇莽之妖。世称云七车张。作《春秋章句》十五万言。”

第一，张叔必为文翁后生。

第二，《汉书》《华阳国志》均记有“受业博士”，《汉书·武帝纪》建元五年（公元前136年）“置《五经》博士。”教授弟子，从此博士成为专门传授儒家经学的学官。。

第三，《汉书》《华阳国志》均记有“官至刺史”。《华阳国志》明确提出因张叔陪武帝到甘泉祭祀天神遇裸女点化而感动武帝，之后命张叔为扬州刺史。《汉书·武帝纪》元鼎六年（公元前111年）“十一月辛巳朔旦，冬至。立泰畤于甘泉。”元封五年（公元前106年）“初置刺史部十三州。”

（二）文翁卒年

宋·宋祁《府学文翁祠画像十赞·文翁赞》：“天挺耆归田俊，有德有文。汉天子命公，往抚蜀人。”是说文翁到了“归田”之年仍然具有天生卓越超拔的有德有文之人，一如既往地抚育着蜀人。“耆”：古六十岁曰耆，亦泛指寿考。说明文翁卒于60岁以上。

四、文翁生卒研考

如果前文设定论据成立，那么我们完全可以从文翁入蜀（35岁左右）进行前后推导，得到《汉书》和《华阳国志》中所记事件清晰的线条（见表1）。

表 1　文翁身世事件表

纪年	帝王	年号	纪要	事件原文	文翁年龄
公元前 206 年	高帝	1		汉兴之初，反秦之敝，与民休息，凡事简易，禁罔疏阔，而相国萧、曹以宽厚清静为天下帅，民作“画一”之歌。——《循吏传》 “今天下贤者智能，岂特古之人乎？患在人主不交故也，士奚由进！今吾以天之灵、贤士大夫定有天下，以为一家，欲其长久，世世奉宗庙亡绝也。贤人已与我共平之矣，而不与吾共安利之，可乎？贤士大夫有肯从我游者，吾能尊显之。”——《高帝纪》	
公元前 205 年		2			
公元前 204 年		3			
公元前 203 年		4			
公元前 202 年		5			
公元前 201 年		6			
公元前 200 年		7			
公元前 199 年		8			
公元前 198 年		9			
公元前 197 年		10			
公元前 196 年		11			
公元前 195 年		12	文翁出生	文翁，庐江舒人也。——《文翁传》	0
公元前 194 年	惠帝	1	幼童年代	孝惠垂拱，——《循吏传》	1
公元前 193 年		2			2
公元前 192 年		3			3
公元前 191 年		4			4
公元前 190 年		5			5
公元前 189 年		6			6
公元前 188 年		7			7

续表

纪年	帝王	年号	纪要	事件原文	文翁年龄
公元前187年	高后	1	小学时期		8
公元前186年		2		高后女主，不出房闼，而天下晏然，民务稼穑，衣食滋殖。	9
公元前185年		3		——《循吏传》	10
公元前184年		4		八岁入小学，学六甲、五方、书计之事，始知室家长幼之节。	11
公元前183年		5		——《食货志》	12
公元前182年		6		少好学，——《文翁传》	13
公元前181年		7			14
公元前180年		8	中学时期		15
公元前179年	文帝	1			16
公元前178年		2		十五入大学，学先圣礼乐，而知朝廷君臣之礼。——《食货志》	17
公元前177年		3		（2年）举贤良方正能直言极谏者。——《文帝纪》	18
公元前176年		4			19
公元前175年		5			20
公元前174年		6	地方高等学校		21
公元前173年		7		其有秀异者，移乡学于庠序。——《食货志》	22
公元前172年		8		通《春秋》，——《文翁传》	23

续表

纪年	帝王	年号		纪要	事件原文	文翁年龄
公元前171年	文帝		9	任郡县吏	庠序之异者，移国学于少学。——《食货志》 以郡县吏察举。——《文翁传》	24
公元前170年			10			25
公元前169年			11			26
公元前168年			12			27
公元前167年			13			28
公元前166年			14			29
公元前165年			15			30
公元前164年			16			31
公元前163年		后元	1		“间者数年比不登，又有水旱疾疫之灾，朕甚忧之。愚而不明，未达其咎。……其与丞相、列侯、吏二千石、博士议之，有可以佐百姓者，率意远思，无有所隐也。”——《文帝纪》	32
公元前162年			2	受察举		33
公元前161年			3	任蜀守		34
公元前160年			4	穿湔江口 开六水门	孝文帝末年，以庐江文翁为蜀守，翁穿湔江口，溉灌繁田千七百顷。——《华阳国志》 西汉景帝时，蜀郡守文翁在岷江流域筑湔堰，在武阳县（今四川彭山东）引岷江水筑大堰，开六水门灌溉。——《中国水利百科全书·水利史分册》	35
公元前159年			5			36
公元前158年			6			37
公元前157年			7			38

续表

<table>
<tr><th>纪年</th><th>帝王</th><th colspan="2">年号</th><th>纪要</th><th>事件原文</th><th>文翁年龄</th></tr>
<tr><td>公元前 156 年</td><td rowspan="13">景帝</td><td></td><td>1</td><td rowspan="5">思索化蜀培养骨干</td><td rowspan="5">巴、蜀、广汉本南夷，秦并以为郡，土地肥美，有江水沃野，山林竹木疏食果实之饶。南贾滇、僰僮，西近邛、莋马旄牛。民食稻鱼，亡凶年忧，俗不愁苦，而轻易淫泆，柔弱褊厄。——《地理志》
见蜀地辟陋有蛮夷风，文翁欲诱进之，乃选郡县小吏开敏有材者张叔等十余人亲自饬厉，遣诣京师，受业博士，或学律令。减省少府用度，买刀布蜀物，赍计吏以遗博士。——《文翁传》
是时，世平道治，民物阜康；承秦之后，学校陵夷，俗好文刻。翁乃立学，选吏子弟就学。遣隽士张叔等十八人东诣博士，受七经。——《华阳国志》
又言：蜀椎髻左衽，未知书，文翁始知书学。——《华阳国志》</td><td>39</td></tr>
<tr><td>公元前 155 年</td><td></td><td>2</td><td>40</td></tr>
<tr><td>公元前 154 年</td><td></td><td>3</td><td>41</td></tr>
<tr><td>公元前 153 年</td><td></td><td>4</td><td>42</td></tr>
<tr><td>公元前 152 年</td><td></td><td>5</td><td>43</td></tr>
<tr><td>公元前 151 年</td><td></td><td>6</td><td rowspan="5">骨干施教实施措施</td><td rowspan="5">数岁，蜀生皆成就还归，文翁以为右职，用次察举，官有至郡守刺史者。——《文翁传》
（叔）还以教授。——《华阳国志》
叔明天文灾异，始作《春秋章句》。——《华阳国志》</td><td>44</td></tr>
<tr><td>公元前 150 年</td><td></td><td>7</td><td>45</td></tr>
<tr><td>公元前 149 年</td><td rowspan="6">中元</td><td>1</td><td>46</td></tr>
<tr><td>公元前 148 年</td><td>2</td><td>47</td></tr>
<tr><td>公元前 147 年</td><td>3</td><td>48</td></tr>
<tr><td>公元前 146 年</td><td>4</td><td rowspan="4">创办官学堂</td><td rowspan="4">又修起学官于成都市中，招下县子弟以为学官弟子，为除更徭，高者以补郡县吏，次为孝弟力田。常选学官僮子，使在便坐受事。每出行县，益从学官诸生明经饬行者与俱，使传教令，出入闺阁。县邑吏民见而荣之。——《文翁传》
始文翁立文学精舍，讲堂作石室，在城南。——《华阳国志》</td><td>49</td></tr>
<tr><td>公元前 145 年</td><td>5</td><td>50</td></tr>
<tr><td>公元前 144 年</td><td>6</td><td>51</td></tr>
<tr><td>公元前 143 年</td><td></td><td>1</td><td>52</td></tr>
</table>

续表

纪年	帝王	年号		纪要	事件原文	文翁年龄
公元前 142 年	景帝	后元	2	蜀民从化 郡国 立文学	数年，争欲为学官弟子，富人至出钱以求之。——《文翁传》 巴、汉亦立文学。孝景帝嘉之，令天下郡 、国皆立文学。——《华阳国志》	53
公元前 141 年			3		至于文、景，遂移风易俗。是时，循吏如河南守吴公、蜀守文翁之属，皆谨身帅先，居以廉平，不至于严，而民从化。——《循吏传》 景帝末，为蜀郡守，仁爱好教化。——《文翁传》 叔文播教，变《风》为《雅》。——《华阳国志》	54
公元前 140 年	武帝	建元	1	蜀比齐鲁 叔入博士	景、武间，文翁为蜀守，教民读书法令，未能笃信道德，反以好文刺讥，贵慕权势。——《地理志》	55
公元前 139 年			2		由是大化，蜀地学于京师者比齐鲁焉。——《文翁传》 （五年）置《五经》博士。——《武帝纪》	56
公元前 138			3		因翁倡其教，蜀为之始也。孝武帝皆征入叔为博士。——《华阳国志》	57
公元前 137 年			4		因翁倡其教，蜀为之始也。孝武帝皆征入叔为博士。——《华阳国志》	58
公元前 136 年			5		《汉书》曰：“郡国之有文学，因文翁始。”若然，翁以前，齐鲁当无文学哉？——《华阳国志》	59
公元前 135 年			6		学徒鳞萃，蜀学比于齐鲁。——《华阳国志》	60

续表

<table>
<tr><th>纪年</th><th>帝王</th><th colspan="2">年号</th><th>纪要</th><th>事件原文</th><th>文翁年龄</th></tr>
<tr><td>公元前 134 年</td><td rowspan="18">武帝</td><td rowspan="6">元光</td><td>1</td><td rowspan="5">往抚蜀人</td><td rowspan="5">天挺耆俊，有德有文。汉天子命公，往抚蜀人。
——《府学文翁祠画像十赞 · 文翁赞》
及司马相如游宦京师诸侯，以文辞显于世。乡党慕循其迹。后有王褒、严遵，扬雄之徒，文章冠天下。繇文翁倡其教，相如为之师，故孔子曰：“有教亡类。”——《地理志》</td><td>61</td></tr>
<tr><td>公元前 133 年</td><td>2</td><td>62</td></tr>
<tr><td>公元前 132 年</td><td>3</td><td>63</td></tr>
<tr><td>公元前 131 年</td><td>4</td><td>64</td></tr>
<tr><td>公元前 130 年</td><td>5</td><td>65</td></tr>
<tr><td>公元前 129 年</td><td>6</td><td>终于蜀</td><td>文翁终于蜀，吏民为立祠堂，岁时祭祀不绝。至今巴蜀好文雅，文翁之化也。——《文翁传》</td><td>66</td></tr>
<tr><td>公元前 128 年</td><td rowspan="6">元朔</td><td>1</td><td rowspan="6">郡国
立官学</td><td rowspan="6">至武帝时，乃令天下郡国皆立学校官，自文翁为之始云。——《文翁传》
四年冬，行幸甘泉。——《武帝纪》
（五年）夏六月，诏曰：“盖闻导民以礼，风之以乐。今礼坏乐崩，朕甚闵焉。故详延天下方闻之士，咸荐诸朝。其令礼官劝学，讲议洽闻，举遗举礼，以为天下先。太常其议予博士弟子，崇乡党之化，以厉贤材焉。”——《武帝纪》</td><td>67</td></tr>
<tr><td>公元前 127 年</td><td>2</td><td>68</td></tr>
<tr><td>公元前 126 年</td><td>3</td><td>69</td></tr>
<tr><td>公元前 125 年</td><td>4</td><td>70</td></tr>
<tr><td>公元前 124 年</td><td>5</td><td>71</td></tr>
<tr><td>公元前 123 年</td><td>6</td><td>72</td></tr>
<tr><td>公元前 122 年</td><td rowspan="6">元狩</td><td>1</td><td></td><td></td><td>73</td></tr>
<tr><td>公元前 121 年</td><td>2</td><td></td><td></td><td>74</td></tr>
<tr><td>公元前 120 年</td><td>3</td><td></td><td></td><td>75</td></tr>
<tr><td>公元前 119 年</td><td>4</td><td></td><td></td><td>76</td></tr>
<tr><td>公元前 118 年</td><td>5</td><td></td><td></td><td>77</td></tr>
<tr><td>公元前 117 年</td><td>6</td><td></td><td></td><td>78</td></tr>
</table>

续表

纪年	帝王	年号		纪要	事件原文	文翁年龄
公元前116年	武帝	元鼎	1			79
公元前115年			2			80
公元前114年			3			81
公元前113年			4			82
公元前112年			5			83
公元前111年			6	张叔从帝郊祭	（冬）十一月辛巳朔旦，冬至。立泰畤于甘泉。 ——《武帝纪》 宽从武帝郊甘泉、泰畤，过桥，见一女子裸浴川中，乳长七尺，曰："知我者帝后七车。"适得宽车。对曰："天有星主祠祀，不齐洁，则作女令见。"帝感寤，以为扬州刺史。復别蛇莽之妖。世称云七车张。作《春秋章句》十五万言。 ——《华阳国志》	84
公元前110年		元封	1			85
公元前109年			2			86
公元前108年			3			87
公元前107年			4			88

续表

纪年	帝王	年号		纪要	事件原文	文翁年龄
公元前106年	武帝	元封	5	张叔官至刺史	初置刺史部十三州。——《武帝记》 见蜀地辟陋有蛮夷风，文翁欲诱进之，乃选郡县小吏开敏有材者张叔等十余人亲自饬厉，遣诣京师，受业博士，或学律令。……数岁，蜀生皆成就还归，文翁以为右职，用次察举，官有至郡守刺史者。——《文翁传》 翁乃立学，选吏子弟就学。遣隽士张叔等十八人东诣博士，受七经，还以教授。……孝武帝皆徵入叔等为博士。叔明天文灾异，始作《春秋章句》。官至侍中，扬州刺史。——《华阳国志》	89
公元前105年			6			90
公元4年	平帝	元始	4	帝诏立祠	元始四年，诏书祀百辟卿士有益于民者，蜀郡以文翁，九江以召父应诏书。岁时郡二千石率官属行礼，奉祠信臣冢，而南阳亦为立祠。——《循吏传》 课曰：二州人士，自汉及魏，可谓众矣。何者：世宗多事，则相如麟游，伯司凤翔，洛下云翳，叔文龙骧。——《华阳国志》	199

表中表明：

（1）文翁（约公元前195~约公元前129年），高帝末年（公元前195年）或稍前出生于庐江舒（今安徽舒城）。文帝中期任郡县吏，文帝后元三年（公元前161年）受察举应诏任蜀守。文帝末（公元前157年）穿湔江口、开六水门等水利工程建成。景帝初（公元前156年）思索化蜀，开始培养骨干，并通过与返蜀弟子共同创办官学，以多种措施教化蜀民，于景帝末年（公元前141年）取得了辉煌的化蜀成果。景、武帝均嘉之并令天下立文学、办官学。因难舍其业，坚持往抚蜀人，于武帝元光六年（公元前129年）之后终于蜀，吏民为之立祠，岁时祭祀不绝。为了表彰“有益于民官”，元始四年（公元4年）平帝下诏立祠祭祀。

此研文翁生年考，误差5岁左右，卒年可从60岁延寿至90岁左右。

（2）文翁的学生张叔，景帝初（公元前156~公元前152年25岁左右，）为郡县小吏，遣诣京师，受业博士；（公元前151~公元前147年30岁）还以教授，并始作《春秋章句》。（公元前146~公元前143年35岁）与文翁创办官学；建元五年（公元前136年45~40岁，）武帝授予《五经博士》；元鼎六年（公元前111年70~65岁）陪武帝到甘泉祭祀天神，并作《春秋章句》十五万言；元封五年（公元前106年75~70岁）为扬州刺史。

此研究结果表明，张叔年小文翁约二十岁，共事年代与文翁在蜀事件基本吻合。

五、结论

《华阳国志》：“碧珠出不一处，地之相距动数千里，一人之血岂能致此？……《汉书》曰：‘郡国之有文学，因文翁始。’若然，翁以前，齐鲁当无文学哉？汉末时，汉中祝元灵，性滑稽，用州牧刘焉谈调之末，与蜀士燕胥，聊著翰墨，当时以为极欢，后人有以为惑。恐此之类，必起於元灵之由也。惟智者辨其不然，幸也。”文翁生于高帝末年（公元前195年）或稍前，卒于武帝元光六年（公元前129年）之后，事历文、景时期，身跨高、文、景、武四朝，在世66岁有余。文翁青少年时期在家乡安徽精学《春秋》仕至长吏；壮老年时期在异乡四川把他乡当故乡，兴水利、化蜀民取得丰硕成果，以至吏民和帝王为之立祠祭祀。文翁生卒跨度表明，《汉书》和《华阳国志》“文”“景”时点之说各在其理，并不矛盾，乃至于后人名家为《汉书》和《华阳国志》原著校、补、注等“文”“景”之说时，保持原本，未加冗辞。

从宋诗中看晁公溯对通济堰的贡献

摘　要：晁公溯因《宋史》无传，水利史料中鲜见其人。本文通过对晁公溯咏通济堰6首诗进行剖析，认为晁公溯是一个十分重视水利工程建设与发展的地方官员，是水利工程建设的见证者，是水工技术的推广者，是水利管理工作的督促者，是通济堰治水的历史人物和功臣之一。他为通济堰堰水文化研究留下了宝贵的墨迹，他对通济堰的建设和发展曾作出了卓越的贡献。

关键词：晁公溯　通济堰　贡献　研究

晁公溯因正史无传，被史学研究忽略，在水利史料中更难找到晁公溯的踪影。笔者通过对晁公溯留下的咏通济堰6首宋代诗篇和相关资料的解读，认为晁公溯不仅是一名杰出的地方官吏，而且是一名卓越的水利历史人物。

一、晁公溯其人

晁公溯（1116~1176年）：一写晁公遡，字子西，济州巨野（今山东巨野）人，是晁迥五世孙、晁冲之（字叔用，1073年—1126年）六子之一、公武弟。《宋史》无传，其仕履无考。难怪在水利史料中鲜见其人。

据他的《嵩山居士文集》和方志中知：靖康元年（1126年）21岁的公武携11岁的公遡避北兵南渡，经睢阳、淮河、泗水至吴越，西上楚泽，溯三峡入蜀。于涪州投住姑丈孙仁宅家。公溯23岁为高宗绍兴八年（1138年）进士（清康熙《清丰县志》卷4），《上周通判书》题左迪功郎于绍兴九年（1139年）由涪州至梁山（今梁平）任县尉，绍兴十五年（1145年）任涪州军事判官（《同治重修涪州志》卷4《秩官志·历代秩官》），又《与费行之小简》称绍兴三十年（1160年）通判施州，绍兴三十一年（1161年）知梁山军，又《眉州到任谢表》及《谢执政启》称孝宗乾道（1165 年）初蜀铨（通过考试进行选拔）知眉州，又《答史梁山启》称“猥从支郡，遽按祥刑。”而集首师璿序亦称其为部使者。则又尝擢官提刑，而不详其地。又《眉州州学藏书记》题乾道年月，而《丙戌元夕》诗有“刺史敢云乐”句。丙戌为乾道二年（1166 年），是时正在眉州。后为提点潼川府路刑狱，累迁兵部员外郎（《宋会要辑稿》）。著有《嵩山居士文集》54 卷，刊于乾道四年（1168 年），盖皆眉州以前所作。师璿序又称公溯《抱经堂稿》，以甲乙分第，汗牛充栋，此特管中之豹。则其选辑之本也，已佚。

晁氏自迥以来，家传文学，几於人人有集。南渡后则公武最为知名。公武《郡斋读书志》世称该博，而所著《昭德文集》已不可见。惟公溯此集仅存。王士祯《居易录》谓其诗在无咎、叔用之下。盖其体格稍卑，无复前人笔力，固由一时风会使然。而挥洒自如，亦尚能不受羁束。至其文章，劲气直达，颇有崟崎历落之致。以视《景迂》《鸡肋》诸集，犹为不失典型焉。

《晁公溯题记》是 1996 年白鹤梁水下考古发现的新题刻，该题刻为南宋绍兴十五年（1145 年）他同荆南张受（伯度）、古汴赵子澄（处度）、赵公蒙（景初）、李景嗣（绍祖）、杨侃（和甫）、西蜀任大受（虚中）共游白鹤梁，同观石鱼所题。它的发现对白鹤梁题刻文化的研究有着极为重要的意义，主要表现在：它改变了现有白鹤梁题刻数量的陈说，对研究中国古代“灾变”学说有重要价值，对研究宋代晁氏家族在巴蜀活动及其对三峡文化的构建有重要价值，对探索晁公溯的形迹与交友有参考价值。

“中国板栗数京东，京东板栗数迁西”。迁西板栗颜色呈红褐色，鲜艳有光泽，有浅薄蜡质层，皮薄，较其他地区的板栗硬、实。宋代诗人晁公溯曾有“风陨栗房开紫玉”之诗句，因此迁西板栗又有“紫玉”的美称。

二、晁公溯律诗中的通济堰

笔者认真拜读学习了晁公溯全诗 448 首，主要以记事性题材描述景物，并以五律、五言排律为主。从他半百之年蜀铨到眉山至集版刊出约 4 年时间中留下了不少于 40 首描绘眉山及水利工程感人肺腑的诗篇。尤其在对通济堰的描写中，短短 6 首律诗就把都江堰与通济堰的关系以及通济堰的历史地位、作用、工程修复和农田急需水、农民获水无饥等描绘的栩栩如生、明明白白。

（一）通济堰与都江堰的关系

“山绕象耳北，堰横龙爪西。遥瞻蜀玉垒，不减汉金堤。”（晁公溯·修觉寺）。据《全唐文》（卷八百九十一）“我蜀被山带江，足食足兵，实天下之强国也。其东南也，直分象耳，迥眺蛾眉。其西南也，旁连玉垒，平视金堤。”

修觉寺在今新津县通济堰紧挨着的宝资山上，是唐宋时期文人墨客常来常往的地方。晁公溯在此诗中引《全唐文》地理位置，不仅客观描述了通济堰与都江堰的地域关系，还充分肯定了雄壮的通济堰大坝“不减汉金堤”的地位和作用。

（二）通济堰工程的神奇作用

“横江三百丈，遥见石嶙峋。”（晁公溯·视通济堰二首）“滂沱三尺雨，泛溢千步堤。”（晁公溯·四月堰水甚水一雨灌田方足）“旧时水流处，沙砾可手扛。请开百步洪，障以千石矼。”（宋·晁公溯·乡人欲开旧江相勉以诗）“未合三江水，仍通百社溪。”（晁公溯·修觉寺）“再见龙尾水，如兴鸿却陂。”（晁公溯·视通济堰二首）

从诗中看出，三百丈通济堰跨江拦河坝，气势磅礴，傲骨嶙峋。由于通济堰低坝取水，滂沱三尺雨使丰盛充溢的水量泛溢千步堤，不仅形成了“堤堰春涨”的壮丽景观，更重要的是通济堰具有高水准的防洪能力。与“旧时水流处，沙砾可手扛”的凄凉景象形成了鲜明的对比，加之障以千石矼（聚石水中），再大的洪水也会被请开。当灌溉需水时，虽然通济堰仅取用南河水而未合三江（南河、西河、金马河）水，仍通百社溪（水流直通各个支渠）；甚至龙尾（渠道尾部）水好像反倒达堤防（陂）而大的不得了。

（三）通济堰水资源是灌区生命的源泉

“往年初堰坏，乐岁亦民饥。”（晁公溯·视通济堰二首）“积潦始北汇，余波各东酾。”（晁公溯·四月堰水甚水一雨灌田方足）“坐闻南堰民，籍籍口语咙。”（晁公溯·乡人欲开旧江相勉以诗）“亦复到邑里，沟浍邹交驰。”（晁公溯·四月堰水甚水一雨灌田方足）“野绿平如案，松青润更加。两岐惟有麦，一县已无花。”（晁公溯·新津道中）“老农喜相语，岁晚可无饥。”

（晁公溯·四月堰水甚水一雨灌田方足）

晁公溯说：往年初堰坏，即使是丰收年，灌区人民依然处于饥饿之中。那年四月，一雨灌田方足，但积涝从北到南，众多堰民有口难言，而涝水到了灌区，由于排水体系健全，田间水道畅通，水流井然有序，使得灌区野绿平如案，两岐惟有麦。感动得老农语笑喧呼，就是到了岁晚也不会饥困。

（四）灌区人民感激通济堰治水功臣

“人颂勾龙社，恩沾佩犊民。”“名同召伯埭，人立许杨祠。”（晁公溯·视通济堰二首）“再拜勾龙社，配我灵星祠。”（晁公溯·四月堰水甚水一雨灌田方足）

勾龙，复姓，史载勾龙庭实，也作句龙庭实（古“句”与今“勾”同字），字君觃，夹江人（今四川夹江县），政和进士，召试学士院，除校书郎，因为是宦官郑湛所荐，所以多次被停职，曾任眉州知州。埭，一种水利工程（阻水的土堤坝）。召伯埭为谢安所建。谢安（公元320~公元385年），字安石，是东晋杰出的政治家、军事家和文学家，官居太保、太傅，东晋太元十年（公元385年），谢安避权奸出镇广陵（今扬州），于城东北二十里地的步邱筑垒而居，更名新城。他考察新城之北二十里地势，西高东低。西易泄水，常苦干旱，东难排水，农田易淹。遂率民众于步邱之北二十里筑埭渲蓄，使西解旱忧、东免涝患。后人追思谢安治水之德，将他比作周代召伯，（古召与今邵同字）故埭、镇、湖皆称邵伯。传说当年召伯辅佐成王巡行乡邑，曾在甘棠树下休息议政。后百姓思感谢安治水惠民，遂建甘棠庙，植甘棠树以示纪念。许杨，字伟君，汝南平舆人也。生活于两汉之交。曾为都水掾重修汝南之鸿却陂水利工程。

诗中“人颂勾龙社”，是指宋绍兴十五年（1145年）句龙庭实在任眉州知州时，大修通济堰“更从江中创造，横截大江二百八十丈（约合今860米）。眉州人感其兴大工修复之功，立祀庙岁时祀之”。嘉泰元年（1201年）宋朝赐庙曰“灵嘉”。开禧元年（1208年），又封句龙庭实为“想济侯”。勾龙社是为纪念勾龙而设立的神坛。勾龙社之名也如召伯埭，也如许杨祠，后配灵星祠。

三、晁公溯对通济堰的贡献探讨

（一）从一个“视”字知晁公溯十分重视通济堰工程的建设和发展

晁公溯1165年初知眉州，《嵩山居士文集》刊于（1168年），盖皆眉州以前所作。从6首诗中分析，《视通济堰二首》应当是晁公溯初到眉时的作品。公溯初来乍到，当年春天，“偶来无筮日”（还没有来得及行卜筮礼之日），偶然“小出”（微服）“行春”（与地方官吏一道春日出巡）来到通济堰。但晁公溯认为：这次虽然微服出巡，然而作为知州肩上的责任，他在标题冠上了一个“视”而不是“游”字，充分表明是以知州的身份对通济堰水利工程进行视察。

《视通济堰二首》共8联，其中3联写工程建设情况，3联写工程建设的感想。他不仅认真视察了工程宏观情况，而遥远消瘦露骨的大坝石头已看得清清楚楚，同时对通济堰的历史作了深入细致的了解，尤其是句龙庭实在20年前（1145年）任眉州知州时，大修通济堰“更从江中创造，横截大江二百八十丈”的丰功伟绩所感召，决心任上确保堰不坏，使通济堰灌区人民乐岁民无饥，“恩沾佩犊民”。

（二）从一个“忧”字知晁公溯对通济堰工程的高度关心

晁公溯《乡人欲开旧江相勉以诗》中写道：“深忧堰或坏，他日病此邦。”一个“忧”字充分体现出作为知州对通济堰的高度关心。与他的《视通济堰二首》中“往年初堰坏，乐岁亦民饥”相对应，公溯深深体会到句龙庭实20年前看到因为堰坏，哪是在丰收年亦民饥的悲惨情况才大修通济堰。如今乡人准备开旧江泄洪保证工程安全，他认为是一件大好事而相勉以诗。听到两个方案，因自己不懂水利工程技术而“老夫莫能决”。只是担心堰或坏，而祸害灌区。

（三）晁公溯以诗文化手法佐证了通济堰工程建设发展成果

（1）“人颂勾龙社。”“横江三百丈”“不减汉金堤”等诗句。佐证了句龙庭实1145年大修通济堰“横截大江二百八十丈”的历史事实，其规模不次于都江堰（汉名金堤）。

（2）“夏潦所椿撞”“障以千石矼”“遥见石嶙峋”“沟浍邹交驰”等诗

句。佐证了宋代通济堰在治水技术上已经采用了椿（桩）撞治潦（大水）、石矼（置于水中供人渡步的脚石）排洪、石嶙峋堆石坝截水等水工措施。

(3)“两岐惟有麦”“恩沾佩犊民”等诗句。佐证了宋代官府十分重视农业生产和水利建设。“两岐”：指称颂地方官吏改善农业兴水利有方，民乐年丰。“恩沾”指皇恩润泽。“佩犊民”《汉书·龚遂传》：“民有带持刀剑者，使卖剑买牛，卖刀买犊，曰：‘何为带牛佩犊。’”佩犊指百姓能改邪归正、安心务农。侧面说当官有道，民得其恩。

(4)“人颂勾龙社”“人立许杨祠”“再拜勾龙社，配我灵星祠”等诗句，佐证了灌区人民对宋代官府的感激和官吏对水利建设功臣的敬仰。

(5)“春流已可爱”“野树皆绿叶，清江初白苹”“野绿平如案”“流清粳稻宜”等诗句，佐证了通济堰在宋代是一个绿草如茵、五谷丰登的富庶灌区。

(四) 晁公溯是通济堰春灌工作的督查者

《新津道中》“平生爱春事，忽复过年华。”说明了公溯可能在任眉州知州的第二年（1166年）5月，再次视察通济堰。这时“野绿平如案，松青润更加。两岐惟有麦，一县已无花。”正临“双抢”时节，然而“日色深迷雾，江流浅见沙。”公溯看到江流很少，灌区即将春灌用水，使自己沉思于担忧之中。

(五) 晁公溯咏通济堰诗对研究通济堰堰水文化有着极为重要的意义

晁公溯《宋史》无传，在《通济堰志》编辑过程中未对其人进行描述。从晁公溯咏通济堰诗中，可以清楚地看到，晁公溯律诗是通济堰宋代文化的重要组成部分。对晁公溯诗文的研究，对于研究通济堰堰水文化有着极为重要的意义。主要表现在：晁公溯咏通济堰诗是通济堰文化遗产之一，它填补了通济堰宋文化的空缺，对研究通济堰宋时采用的水工技术有重要价值，对研究宋代通济堰管理制度有参考价值，对发掘和研究堰水文化有历史价值和现实意义。

四、结论

笔者仅考公溯通济堰诗6首，晁公溯咏通济堰诗是通济堰自晁公溯任眉州知州至今948年以来历史的折射，它记录着通济堰历史的沧桑。研究晁公溯律诗有助于我们了解时代的变迁。晁公溯在眉山之作涉及蟆颐堰、红花堰还有不少的诗篇，从他的律诗中，我们可以清楚地看出，晁公溯是一个十分重视水利工程建设与发展的地方政府官员，是水利工程建设的见证者，是水工技术的推广者，是水利管理工作的督促者，是通济堰治水的历史人物和功臣之一，他为通济堰堰水文化研究留下了宝贵的墨迹，他对通济堰的建设和发展曾作出了卓越的贡献。

附：晁公溯咏通济堰诗6首

视通济堰二首

宋・晁公溯

一

野树皆绿叶，清江初白苹。偶来无筮日，小出当行春。
人颂勾龙社，恩沾佩犊民。横江三百丈，遥见石嶙峋。

二

往年初堰坏，乐岁亦民饥。再见龙尾水，如兴鸿却陂。
名同召伯埭，人立许杨祠。祝史有祀事，歌予迎送诗。

修觉寺

宋・晁公溯

山绕象耳北，堰横龙爪西。遥瞻蜀玉垒，不减汉金堤。
未合三江水，仍通百社溪。春流已可爱，散乱浴凫鹥。

四月堰水甚水一雨灌田方足

宋・晁公溯

岷江惟清流，泾水惟浊泥。泥浊禾黍茂，流清粳稻宜。
旧传江发源，瀵涌出沈黎。老农望其来，未至龙尾西。
今晨南山云，蓊然忽朝隮。滂沱三尺雨，泛溢千步堤。
积潦始北汇，余波各东酾。茫茫黑壤润，戢戢翠剡齐。

亦复到邑里，沟浍郛交驰。往看芙蓉湖，微风绿生漪。
似欲娱使君，岂减习家池。老农喜相语，岁晚可无饥。
再拜勾龙社，配我灵星祠。更烦请天公，膏泽常及时。

乡人欲开旧江相勉以诗

宋·晁公溯

乡人填然来，亦有双眉厖。讙言我东堤，夏潦所椿撞。
旧时水流处，沙砾可手扛。请开百步洪，障以千石矼。
不令近城郭，庶即回涛泷。坐闻南堰民，籍籍口语哤。
深忧堰或坏，他日病此邦。二论坚相持，谁者肯屈降。
老夫莫能决，君其问语江。

新津道中

宋·晁公溯

野绿平如案，松青润更加。两岐惟有麦，一县已无花。
日色深迷雾，江流浅见沙。平生爱春事，忽复过年华。

通济堰名研究

摘　要：通济堰之名已有千年以上历史。为什么取通济堰之名，无法确考。本文通过对通济堰名称历史演变进行剖析，认为通济堰虽然开创于公元前141年，然而正式使用通济堰之名应为公元907年张琳扩修通济堰时。同时。本文根据字义、词义和历史情况，提出了3个关于通济堰的定义。

关键词：通济堰　名称　历史　研究

四川通济堰是中国古代著名水利工程之一，两千多年来，历朝历代都高度重视通济堰的维修整治和保护，使通济堰到今天依然以崭新的姿态为灌区社会稳定发展、人民安居乐业作出巨大贡献。通济堰名是用来区分其他水利工程以及人们对它具有的特定方位环境、地域范围的地理实体赋予的专有名称。通济堰名是在历史发展进程中逐渐形成的，饱含了它在各个发展时期的历史意义、文化积淀、学术价值、地域影响和时代责任。“名不正，则言不顺。”研究通济堰名有利于我们全面掌握通济堰历史发展进程，正确认识通济堰人文环境，准确发掘通济堰文化宝库，科学分析通济堰治水精神，牢牢树立通济堰人良好的职业形象。

一、通济堰名称变迁

通济堰是景帝后元三年（公元前141年）文翁在岷江中游开创的迄今仍然发挥着巨大效益的大型水利工程。通济堰之名始见于北宋时期欧阳修等编撰的《新唐书》。《新唐书·地理志》载，眉州通义郡彭山县“有通济大堰一，小堰十。自新津邛江口引渠南下百二十里，至州西南入江，溉田千六百顷。开元中，益州长史章仇兼琼开”。同书又记蜀州唐安郡新津县“西南二里有远济堰，分四筒穿渠，溉眉州通义、彭山之田。开元二十八年（公元740年），采访史章仇兼琼开”。大堰似指干渠，小堰似指支渠。邛江口即今新津南河汇入岷江之处。入江指通济堰尾水湃入岷江。千六百顷约合今16万亩。1990年周魁一等《二十五史河渠志注》附录收录的中国水利史学创始人姚汉源教授的早年注释《新唐书·地理志》：于新津远济堰、彭山通济堰均注明五代时“合为一渠”。

《新唐书》前后修史历经17年，于宋仁宗嘉祐五年（1060年）完成。《新唐书》成书之前，通济堰名称据东晋永和元年（公元345年）常璩《华阳国志·蜀志》称：于武阳县“有王乔彭祖祠，蒲江大堰，灌郡下，六门”；北魏孝明帝（公元520年左右）郦道元《水经·江水注》于武阳县记：“此县藉江为大堰，开六水门，用灌郡下”；唐元和年间（公元806~820年）李吉甫《元和郡县图志》：于彭山县有“馨堰，在县西南二十五里。拥江水为大堰，开六水门，用灌郡下。”

在章仇兼琼唐开元二十八年（公元740年）重开通济堰至今近1300年中，据南宋嘉定年（1208~1224年）间魏了翁《蟆颐堰记》：“先是，开元中，益州刺史章仇兼琼为堰于吾州者二：由新津县之西曰通津，由蟆颐山之西曰永济”；民国（1933年）刘锡纯《重修彭山县志》称：“通济堰亦名远济堰，又曰桐梓堰”，并注明“蜀水经注新津县城南大江分支为桐梓堰”；2010年通济堰志编修委员会《通济堰志》记：于1966~1983年“通济堰称解放渠共17年。”

六水门、六门堰、蒲江大堰、馨堰、通济大堰、远济堰、通济堰、通津堰、桐梓堰、解放渠，称谓虽多，实则一堰，其中当今仍然使用的通济堰名是该水利工程历史上使用次数最多、历时最长的名称。

二、史称通济堰的时间

通济堰之名最早见于《新唐书》，《新唐书》是“二十四史”之一，是一部记载唐朝历史的纪传体断代史书。那么通济堰的称呼是不是从唐朝就开始使用了呢？

第一，唐开元二十八年（公元740年）章仇兼琼重修通济堰，当时取名应为“馨堰”。李吉甫《元和郡县图志》：于彭山县有“馨堰，在县西南二十五里。拥江水为大堰，开六水门，用灌郡下。”《元和郡县图志》成书于唐元和八年（公元 813 年）距章仇兼琼重开通济堰相隔 73 年时间。《元和郡县图志》是当朝宰相李吉甫（公元 758～814 年）的力著，由于李吉甫史地知识渊博，不少资料都是他亲知、亲闻、亲历的，加之精研刻意而作，使得《元和郡县图志》内容翔实丰富，真实可靠，具有较高的史料价值。如果在此期间馨堰名称有变更，作者会在记事中说明，正如他指明了馨堰与“六水门”的关系一样。

第二，通济堰与远济堰本为同一堰。《新唐书》成书于宋仁宗嘉祐五年（1060 年），距章仇兼琼重开通济堰已有 320 年时间。由于时过境迁，此时馨堰已正式更名并使用通济堰名称了。该书在同一篇章中记有“通济大堰”和“远济堰”两个名称，中国水利史学创始人姚汉源教授注释中注明该两堰五代（公元 907～960 年）时“合为一渠”。2004 年四川省水利厅和四川省都江堰管理局编著《都江堰水利词典》也将该“‘远’当为误字”。笔者认为“通济大堰”与“远济堰”本为一堰，《新唐书》因阐述地理位置引出两个名称是针对于两个地区的称呼习惯而记述的。唐时通济堰取水口位于蜀州唐安郡新津县西南二里，而通济堰的主要灌域为眉州通义郡彭山县、通义县之田，因此，两州习惯上称呼该堰相对于蜀州而“远”，相对于眉州通义则“通”。并非两堰“合为一渠”，只不过时下“开六水门”的馨堰已经变成了“分四筒穿渠”的通济堰了。正如 1989 年四川省水利电力厅编著《四川历代水利名著汇释》对《新唐书》所载提要记为：“彭山县有通济堰，下有十条小堰，从新津邛江口引渠南下……在新津县称远济堰，其支渠分为四筒。”同时注释记为：“远济堰疑为通济堰之误。有人认为，同一堰分在两县，名称亦不一定一致。”

第三、五代时开始使用通济堰名称。1997 年朱学西《中国古代著名水利工程》载：“唐朝穿凿的更重要的工程是远济（亦称通济）堰。远济堰在开元二十八年（公元 740 年）由益州地方官吏章仇兼琼主持穿凿。……到唐末，远济渠更名为通济渠，眉州刺史张琳加以整修和扩建，溉田面积大幅度增加，史载达 15000 顷。”姚汉源教授《新唐书注释》也载：“该两堰五代时‘合为一渠’”。宋神宗御史蜀州新津人张唐英《蜀梼杌》记：张琳，许昌人。五代前蜀时，为眉州刺史。修章仇通济堰，溉彭山、通义、青神田万五千顷，民被其惠，歌曰："前有章仇后张公，疏决水利粳稻丰，南阳杜诗不可同，何不用之代天工。"2010 年通济堰志编修委员会《通济堰志·大事记》："哀帝四年（907 年）张琳整修通济堰。"唐代与五代的更替时间恰是公元 907 年。因此，笔者认为张琳在唐末天祐四年（907 年）暨五代更始年（前蜀高祖王建在 907 年九月始用此年号称天复七年）扩修通济堰时正式启用了"通济堰"之称。

三、通济堰名称释义

"通"形声字。从辵，甬声。本义：没有堵塞，可以通过。东汉·许慎《说文》："通，达也。"《易·系辞》"往来不穷谓之通。""通"字除本义之外，多达 30 余类解释。它既可作为动词，也可用于形容词、名词、量词、副词等。其中与水利有关的解释主要有：通漕（直通水运）、通水（通水运）、通畅（通行无阻的）、通川（有河川流通的地方）、通源（源头相通）、通属（连接）、疏通（疏之欲其通）、通堙（开浚堵塞的水道）、通沟（疏通沟渠）、通瘀（疏通淤滞）等。

"济"形声字。从水，齐声。本义：水名，即济水。古四渎（长江、淮河、黄河、济水）之一。其中"渎"本义：水沟，小渠；亦泛指河川。"济"字除本义之外，另有 20 余种解释。它既可作为名词，也有形容词、动词等词性变化。它的基本字义包括①渡，过河：同舟共~；②对困苦的人加以帮助：~世、救~、赈~、周~、接~；③补益：无~于事。

"堰"（形声字。字从土、从匽，匽亦声。"土"与"匽"联合起来表示"让水结束流淌，停下来休息的土坝"。本义：拦河蓄水大坝。它的基本字义是指修筑在内河上的既能蓄水又能排水的小型水利工程。一般指较低的溢流坝（分为固定堰和活动堰）。它既可作为名词，也有动词的词性变化。

"通济"通济两字均为多音字，根据字义，本文应读通济。基本词义包括：①开朗豁达。《世说新语·任诞》"祖车骑过江时"、刘孝标注引晋孙盛《晋阳秋》："逖（祖逖）性通济，不拘小节，又宾从多是桀黠勇士，逖待之皆如子弟。"《晋书·贺循传》："前蒸阳令郭讷风度简旷，器识朗拔，通济敏悟，才足干事。"；②融通调济。《晋书·文苑传·王沉》："痷婪者以博纳为通济，眂眂者以难入为凝清。"、《新唐书·李吉甫传》："大历时，权臣月奉至九千缗者，州刺史无大小皆千缗，宰相常衮始为裁限，至李泌量闲剧稍增之，使相通济。”、宋·苏轼《论积欠六事并乞检会应诏所论四事一处行下状》：“商贾贩卖……须今年索去年所卖，明年索今年所赊，然后计算得行，彼此通济。”；③往来通达。宋·范仲淹《论西京事宜札子》：“太平则居东京通济之地，以便天下；急难则居西洛险固之地，以守中原。”《续资治通鉴·宋太宗太平兴国六年》：“又於清苑界开徐河、鸡距河五十里入白河，由是关南之漕悉通济焉。”明·沈德符《野获编·河漕·宣大二镇漕河》：“又自怀来运米三十石，溯流而上，竟达古淀桥，则河之通济甚便。”

“通济堰”一名前后已使用1100余年，为什么取通济堰之名，无法确考。笔者根据字义、词义和历史情况推测，提出以下3个关于通济堰的定义，与学者们商榷：

（1）堰水达通义。《新唐书·地理志》在叙述章仇兼琼重开通济堰表述为：“眉州通义郡，上。武德二年析嘉州置。土贡：麸金、柑、石蜜、葛粉。户四万三千五百二十九，口十七万五千二百五十六。县五：通义，紧。彭山，紧。本隆山，隶陵州。贞观元年省入通义，二年复置，来属。先天元年更名。有通济大堰一，小堰十，自新津邛江口引渠南下，百二十里至州西南入江，溉田千六百顷，开元中，益州长史章仇兼琼开。”《旧唐书·地理志》称：“眉州上，隋眉山郡之通义县”。唐时彭山、通义、青神三县均属通义郡。

（2）远堰济通义。如果《新唐书·地理志》按当时实际记述蜀州新津人称远济堰，而眉州通义人称通济堰成立。说明通济堰的作用的确是扶倾济弱，赈济通义。

（3）整修渠堰，通堙取济。1992陈尚君《全唐诗补编·五代上》：“眉州民为张琳歌”（歌词见前录张唐英《蜀梼杌》）。笔者对该歌词的意思理解为：“章仇兼琼和张琳先后疏浚整修通济堰渠堰，使灌区粳稻获得丰收。虽说南阳太守召信臣和杜诗在利用水利方面有杰出的贡献，被南阳人赞誉为“前有召父，后有杜母”。但章张修复通济堰的历史功绩，与南阳太守杜诗发明的水排冶铁是不一样的。为守者为什么不像他们一样代天行职事，开发水利，节省民力，创造出更多向通济堰这样的自流水利工程来，用‘天工’代替‘人工’呢?”章仇兼琼重修通济堰时为剑南节度使（节制调度官），蜀州和眉州均属剑南道管辖，章仇兼琼很容易调度两州整修跨州工程。而“张公”和“章公”不能比的是：张琳在疏决通济堰时仅仅是眉州刺史（州长官）。眉州（通济堰绝大部分灌区在眉州）不能管蜀州，因此要在蜀州新津通堙（开浚堵塞的水道使通畅）整修通济堰，只得取济（取得某种力量的帮助）于蜀州，融通调济。

文化探讨

通济堰引水拦河坝蕴含的历史文化价值研究

摘　要：通济堰引水拦河坝蕴含着丰富的历史文化价值。通济堰在自无坝引水逐步发展到现代化控制拦河坝的两千多年历史长河中，灌区人民不断地探索思考引水方式，使通济堰成为古代建设至今一直发挥工程作用的大型水利工程，为研究古代堰坝的运用提供了珍贵的资料。灌区人民的勤劳智慧吸引了不少文人墨客并留下许多璀璨的千古诗作，使底蕴深厚的通济堰文化价值在历史篇章中萌生珍卉。本文通过对通济堰引水拦河坝蕴含的历史文化价值的挖掘研究，旨望通济堰历史文化遗产受到相关部门的高度重视和保护，同时愿能充分开发和利用好通济堰历史文化资源，不断提升通济堰拦河坝的历史文化价值。

关键词：拦河坝　通济堰　历史　文化　价值　研究

通济堰是公元前 141 年由蜀郡守文翁在岷江中游开创的古代少有的无坝引水的大型灌溉工程。“堰”：较低的挡水建筑物；“坝”：拦水的建筑物。堰是坝的一种类型。既然无坝，为什么叫通济堰呢？通济堰的名称始见于《新唐书·地理志》，五代时期正式使用通济堰之名。晋·常璩著《华阳国志·蜀志》称武阳县：“有王乔彭祖祠，蒲江大堰，灌郡下，六门”。《华阳国志·先贤仕女总赞》载：“朱遵，字仲孝，武阳人也。公孙述僭号，遵为犍为郡功曹，领军拒战于六水门，众少不敌，乃埋车轮，绊马必死，为述所杀。”“六水门”是通济堰的前身，说明通济堰再早是无坝的引水工程。

“吾家蜀江上，江水绿如蓝。”“东来六月井无水，仰看古堰横奔牛。”北宋文坛主将苏东坡生长在通济堰灌区，他对故乡的记忆一往情深，诗中的

“蜀江”就是岷江，古堰就是指的通济堰。两千多年来，不少文人墨客对通济古堰情有独钟，王勃、李白、杜甫、苏轼、陆游等为通济堰留下了璀璨的千古诗作，使通济堰这座古老文物的历史价值得到充分体现，使通济堰的文化价值在历史篇章中萌生珍卉。

一、通济堰拦河坝的发展历史

“通济堰是岷江流域古代少有的有坝引水工程，其拦河坝应是我国历史上规模最大、运用时间最长的活动坝”。我国著名水利史学专家谭徐明在《四川通济堰》中这样论述了通济堰拦河坝。通济堰拦河坝位于（东经103°48′，北纬30°27′）四川省新津县城南，是灌区重要的取水设施，为渠道建筑物的组成。通济堰引水拦河坝历经了无坝、浮桥、竹笼垒石、桩夹块石、砼包壳、现代化闸群等6个发展时期。

（一）无坝引水

如前述，通济堰的前身为“六水门”，水门即水闸。通济堰取水闸前为岷江一级支流——南河与岷江的汇流处，河面宽440余米，在汉代不可能形成6个水闸拦截取水。六水门是指通济堰取水口开6门，这是最古老的取水方式。当春灌用水时节，打开水门挡水物取水灌溉，当洪水来临，又将挡水物封堵着水门。

（二）浮桥挡水

北魏·郦道元《水经注》：武阳“县下江上，旧有大桥，广一里半，谓之安汉桥。水盛岁坏，民苦治功。后太守李严凿天社山，寻江通道。此桥遂废。”东汉时期在通济堰渠首有一座广一里半的汉安桥，由于水盛岁坏，每年修桥，百姓甚苦。东汉建安二十五年（公元221年）李严率百姓开凿天社山（今新津县城边上的修觉山）“寻江信道”来代桥梁。这座安汉桥实际上是拦江大坝，冬建夏毁。既能防洪，又能拦河挡水，还能连接江的两岸供人行过江。

（三）竹篓垒石

宋·《建安以来系年要录》记载：宋绍兴十五年（1145年），眉州知州句龙庭实主持修复通济堰，“贷诸司钱六万”予以修复，“更从江中创造，横截大江二百八十余丈”。这是通济堰真正意义上的引水拦河坝，当时的筑坝材料是使用的竹编篓装石堆垒而成（见图1）。

图1　竹篓垒石坝

这仍然是一种活动的（滚水）坝形式，自此以后，每年春灌用水基本得到保障，每逢大洪水，自动冲去部分竹笼垒石，以保防洪平安。洪期一过，又组织民工增垒竹石，保障来年春灌用水。

清·嘉庆《四川通志》：清雍正十一年（1733年）四川总督黄廷桂主持修复通济堰“奉檄兴修，以石工资巨，仿照旧堤，易以石篓，垒堤截水，注入东沟。”由于通济堰拦河坝年久失修，大量篓石冲走。重新采取竹篓装石堆垒了拦河坝。

（四）桩夹块石

通济堰790米长的“竹篓垒石”拦河坝（含副坝）一直沿用于新中国。20世纪50年代四川省人民委员会批准对通济堰进行扩建改造时，由于工程扩建后需水增加，拦河坝的渗漏问题摆上重要议题。1957年，坝顶高程不一，正河槽坝高程由455.5米改造为453.77米，设计在“竹篓卵石”两侧筑桩夹砂（块）石进行加固，并进行了搪漏处理和开辟船道，保持坝顶宽4米。

（五）砼包壳

拦河坝最大坝高 2.85 米，1973 年，经四川省水利厅批准，对拦河坝主坝实施技术改造，在坝体表面干砌块石 40 厘米厚，面浇 10 厘米厚砼包壳，将主坝长 445 米改造成 365 米，维持主坝高 2.655 米，坝顶高程保持 453.65 米（见图 2）。

图 2　砼包壳坝

（六）现代化闸群

1983 年“三查三定”，通济堰拦河坝被定为临时工程。1984 年和 1985 年拦河坝连续两年遭受大洪水袭击，冲毁、冲垮拦河坝 145 米，上游坡脚淘空 120 米，后采用四面体抛填，坝面浇筑 10 厘米厚砼包壳修复维持。同时开始酝酿拦河坝的彻底整治。2002 年，汛期遭遇 20 年一遇洪水，主坝坝前、坝后严重冲淘，坝面损毁，副坝溃缺，使本已千疮百孔的拦河坝再遭重创。2004 年 6 月 17 日旧坝前南河洪水流量为每秒 3230 立方米，而坝后金马河流量只有每秒 1140 立方米，巨大的水位落差，造成引水拦河坝主坝正对河床段冲毁 173 米，上游河床淘深 5 米左右（见图 3），两岸河堤冲毁 220 米。整个坝体遍体鳞伤，病入膏肓，管理单位已无力进行水毁修复。

图 3　2004 年砼包壳坝水毁

2004 年国家水利部将通济堰引水拦河坝首例列入大型灌区续建配套与节水改造项目，投入国债资金 3000 余万元实施改造。新建的通济堰引水拦河坝位于旧坝坝后约 30 米，设计由 17 孔泄洪冲砂闸、溢流坝、拦砂坎组成，坝长 417 米，为半闸半坝式大泄大排蓄水钢筋砼闸坝（见图 4），工程正常蓄水（溢流坝坝顶）高程为 454 米，闸高 4~4.5 米，闸顶高程 459.6 米。

图 4　新建成的通济堰引水拦河坝

新坝采用信息化控制技术，可使用现场闸群控制（见图 5）和控制中心控制（见图 6）等多种控制措施，是一座现代化的引水拦河坝，整个工程建设工期 11 个月，于 2005 年底全面竣工。

图5　现场闸群控制

图6　远程控制中心

二、通济堰引水拦河坝的历史价值

纵观通济堰引水拦河坝的发展历史，可以表现出它所蕴含的历史价值和现实意义：

（1）通济堰引水拦河坝的发展历史为古代堰坝研究提供了第一手资料。通济堰是我国少有的古代建设一至运行至今的水利工程。拦河坝从无到有并发展为现代化工程，充分体现出它的历史地位和重要作用，通济堰引水拦河坝的建设发展过程为研究古代堰坝的运用提供了珍贵的资料。

（2）通济堰引水拦河坝凝聚了劳动人民的智慧。通济堰引水拦河坝在各个时期的改造充分体现出劳动人民的聪明才智和勤劳勇敢的战天斗地精神，不断地实施拦河坝改造，充分表现出灌区人民对水利发展的需要。

（3）新的引水拦河坝解决了历史上特定时段缺水问题。在两千多年的历史长河中，灌区人民饱受了时段缺水的艰难困苦，每当5~6月农田大量需水泡田栽秧时，往往引水量不足正常水量的10%。“堰”改“坝”将“临时”变“永久性”工程后，通过拦河坝的新增蓄水功能，全面解决了时段用水矛盾。为古堰永续造福于灌区子孙万代开创了新的篇章。2006年和2007年全国大旱，通济堰灌区虽然面临严重的旱情袭击，但实现了“零”旱田的记录，2008年汶川大地震波及通济堰，造成渠系工程不同程度破坏，全灌区仍然提前11天完成了春灌泡田任务，创历史新纪录。

（4）通济堰引水拦河坝建成后，解决了新津城市排洪与灌区用水的矛盾。通济堰低坝取水860年（2005~1145年），给新津城市防洪带来忧患。17孔泄洪闸的建成，彻底解决了新津县城的排洪问题，同时也为灌区如何采用堰坝提供了参考。

（5）通济堰引水拦河坝有深远的发展意义。通济堰灌溉成都、眉山两市的新津、彭山、东坡、青神四县（区）的52万亩农田。拦河坝建成后，通济堰年引水量将从13亿立方米提高到16亿立方米，在坝前形成4亿立方米库容，它将为发展灌区工业用水，扩展农田灌溉，保障灌区水产养殖业，有效改善水质产生深远的历史和现实影响，同时，还将有效解决新津南河段河道排砂，为新津打造经营城市、开发水城、旅游开发、城市景观、环境保护等起到良好的作用，突显新津滨江城市风貌，为通济堰工程永续利用和灌区持续发展产生巨大的影响。

三、通济堰引水拦河坝的历史文化价值

"城阙辅三秦，风烟望五津。与君离别意，同是宦游人。海内存知己，天涯若比邻。无为在歧路，儿女共沾巾。"这首千古名诗是"初唐四杰"之一的王勃对通济堰的印象。诗圣杜甫则在通济堰留下"西川供客眼，唯有此江郊。"的好感。由于在通济堰拦河坝前形成了可供游玩的"静湖"并依山形成了美妙景观，唐宋时期不少文人墨客为通济古堰写下了许多璀璨的千古诗作。通济堰本身就是一座古老的历史文物，名家们的笔墨使通济堰的历史文化得到充分渲染，使底蕴深厚的通济堰文化价值在历史篇章中萌生珍卉。

（一）唐宋时期通济堰的诗词文化遗产

"五津"、修觉山、"堰"与"三江"相连，在唐宋时期组成了蜀州西川一道靓丽的风景线。为此，诗人们簇拥而至，竞相赋言。

1. 堰坝纪实

咸亨二年（公元671年）王勃离蜀前笔下的通济堰是"东园垂柳径，西堰落花津。"乾道九年（1173年）南宋大诗人陆游到通济堰视察筑堤时，在诗中记下了"竹篓垒石"的壮观盛况："横堤百丈卧长虹""西山大竹织万笼""蜿蜿其长高隆隆，截如长城限羌戎"。

2. 堰坝景观

"堰绝滩声隐，风交树影深。"（唐・王勃）；"百丈牵舟上春水，三尺为邦逢圣时。"（宋・晁公溯）；"旧时水流处，沙砾可手扛。请开百步洪，障以

千石矼。”（宋·晁公溯）；“岷江惟清流，泾水惟浊泥。”（宋·晁公溯）；“横堤百丈卧霁虹，始谁筑此东平公。”（宋·陆游）；“横江三百丈，遥见石嶙峋。”（宋·晁公溯）；“新津渡头船欲开，山亭准拟把离杯。（宋·陆游）”；“闲随渠水来，偶到湖光里。”（宋·范成大）；“爨烟惨淡浮前浦，渔艇纵横逐钓筒。”（宋·苏辙）；“晚离方井云藏市，夜渡新津火照江。”（宋·陆游）；“就店煮茶古堰边，偶逢父老便忘年。”（宋·陆游）。公元760~762年，李白的生命危在旦夕，但在杜甫的陪同下多次来到通济堰，依依不舍地挥笔留下了“此地一为别，孤蓬万里征。”的名句。

3. 堰坝环境

“十寺幽岩万木稠，蜀川一览尽西州。依微远树低平野，散漫清江吐乱洲。”（唐·郑谷）。通济堰口依山傍水，临江处故道狭窄，悬崖绝壁，是兵家必争的军事要地。唐宋时期在相邻不足500米的修觉山上，竟有白观音、修觉寺、宝华寺、玉皇观（雪峰观）和纪胜亭等“四庙一亭”。其间，绝壁、古柏、灵泉、白塔、诗碑、岩刻、殿宇交相辉映、五彩缤纷，在通济堰渠首展现出具有通济堰水文化的寺庙特色，并吸引着唐宋名家诗人在此流连忘返，留下了不少山水、田园、民俗、风情、怀情的诗词名句，点缀了通济堰在唐宋时期的拦河坝文化。

（二）古代人对通济堰文化的印象

关于通济堰的唐宋诗词不仅是通济堰历史功绩的见证，而且是通济堰历史文化的一篓绚丽花篮。不仅唐宋诗词和正史、别史记述了通济堰的历史发展，唐宋后通济堰历史文化的表现形式也十分丰富且内涵深厚。在古代人的墨迹和自然生活中，完全可以捕捉到通济堰水文化的影子。通济堰的水与工程、水与园林建筑、水与物产、水与历史、水与管理、水与规章、水与民风民俗、水与诗词歌赋、水与民间传说、水与绘画影像、水与散文游记、水与音乐、水与书法、水与雕塑等都有其丰富的内容，反映出一股股通济堰历史文化的气息。道光八年（1829年）版《新津县志》，一开篇便是新津十二景的记载，各个景观的名称以每个核桃大的篆书字体占一个整页，一景配一画一诗，足足占了30多页。古人心目中新津十二景的第一景为《堰堤春涨》，图画中佐证了通济堰拦河坝（含副坝）直逼今西河大桥处。“笼成岸石千重密，束盖江流万派低。”清嘉庆年间县令王梦庚在《堰堤春涨》诗中表现出了对通济堰“竹篓垒石”坝的慨叹。

（三）现代诗人对通济堰的愿望

通济堰从古至今都是文人墨客向往的去处。宋代理学家魏了翁：“蜀饷为粟百五十万石，仰西州者居多。岁恃以稔，惟都江、通济二堰。”高度地阐明了通济堰的历史地位，清晰地说明了通济堰灌区物产、水费、供奉、管理方面的伟大业绩，直接地道出了孕育通济堰文化底蕴的物质财富和精神财富。著名文学家、现实主义现代诗派创始人艾芜，咏《游通济堰》：“肯辞旧道向长丘，五谷丰盈众望收。铁闸无言说功罪，碧波轻舞洗烦忧。盆湖聚得千山水，鹃血凝成万树秋。莫笑痴心今古事，一壶浊酒问章仇。”艾老回到住地，想到千年古堰千疮百孔难以入睡，又返回通济堰挥笔留下《水调歌头·观南河水入通济堰》：“踌躇碧山下，来伴大江游。莫非宿愿难遂，辗转又回头。每念人间疾苦，一望良田干涸，千里忍凝眸。”充分展示出在诗人心目中通济堰历史文化所蕴藏的巨大魅力。2005 年新引水拦河坝的建成后，当代诗人子笔《浪淘沙·通济堰》回首了艾芜：“堰口筑砼堤，溉水湍急。坝边六水映津姿。农稔工兴商旺盛，泽惠年期？亘古望泔滴，弥沃留遗。硝烟滚滚汉翁觌。年鉴秋风击鼓浪，今胜于昔。”不仅实现了诗人“盆湖聚得千山水”的愿望，而且实现了灌区千百年的夙愿。

四、传承和发展通济堰引水拦河坝历史文化的思考

通济堰 2150 年历史文化积累蕴含着通济堰拦河坝丰富的历史价值和文化价值，但如何传承和发展通济堰历史文化，是当代水利人，尤其是通济堰人应当认真思考的问题。传承和发展通济堰历史文化当前应做好以下工作：

（一）高度重视通济堰历史文化的研究活动

通济堰历史文化健康发展到今天，已成为一部宝贵的历史史册和珍贵的文化遗产。尤其是通济堰拦河坝的发展历史和独特的区位风貌，使通济堰拦河坝蕴含了丰富的历史文化价值。当代通济堰人应当本着对历史负责，对子孙后代负责的原则，高度重视通济堰历史文化遗产的研究活动，从思想上真正认识到研究通济堰历史文化的重要意义，从学术上高度重视通济堰历史文

化的研究活动，建议在水利学会通济堰分会下设立通济堰历史文化研究学组，并给予一定时间和经费，专门研究有关通济堰历史文化的学术问题，把通济堰历史文化传承并发展下去。

（二）积极营造研究通济堰历史文化的氛围

通济堰历史文化是古代水利文化的一座宝库，是水利建设和发展的一座物质遗产，它既代表着通济堰持续发展的物质文明，也代表着通济堰悠久历史文化的精神文明。因此研究通济堰历史文化是一项系统工程，在通济堰历史文化的探索研究中应不断地加大宣传力度，拓宽认识范围，使更多更好的专家、学者参与到通济堰历史文化的研究活动中，为传承和发展通济堰历史文化奠定更加坚实的基础。

（三）搜集编撰好通济堰历史文化系列丛书

目前，通济堰历史文化资料断编残简，为更好地传承历史文化，建议通过多种渠道搜集整理好通济堰物质遗产和非物质资料，通过科学分类编撰和出版通济堰历史文化系列丛书和音像制品，为全面研究和发展通济堰历史文化提供参考资料。

（四）做好通济堰拦河坝历史文化教育开发

通济堰的历史文化在史籍有记载，教科书中有讲解。随着通济堰历史文化研究成果不断地推陈出新，对通济堰历史文化价值的认识应当有新的概念。尤其新津县在打造“水城”开发旅游资源的今天，要与通济堰管理机构磋商，全面做好通济堰拦河坝历史文化保护与开发的研究和规划，创建通济堰拦河坝爱国主义教育基地，再现通济堰拦河坝历史文化风采，使通济堰拦河坝历史与具有通济堰特色的治水精神结合起来，使通济堰拦河坝文化与具有通济堰特点的美丽景观结合起来，让世人共享通济堰拦河坝“人水和谐”这一“西川供客眼，唯有此江郊。”（唐・杜甫）的绝妙环境，让灌区人民分享“铁闸无言说功罪，碧波轻舞洗烦忧。”（现代・艾茵）的引水拦河坝建设成果。

唐宋诗词启迪通济堰水文化研究的思考

摘　要：通济堰以其文明发展的足迹迈过了两千多年历史岁月，经过两汉、三国、晋及南北朝的战争洗礼后，通济堰这座古老的文物承接了盛唐隆宋诗词文化的渲染，在历史篇章中萌生和展露出通济堰水文化的珍卉。本文通过对唐宋时期关于通济堰的诗词启迪，一得之愚地尝试发掘通济堰水文化百卉含英的萌芽，探索通济堰水文化的特色，企望找到通济堰水文化的特点，让世世代代传承和发展通济堰水文化。

主题词：通济堰　水文化　思考

通济堰水文化源远流长，在“二十五”史及国学宝库中完全可以找到通济堰水文化的踪迹。通济堰以其文明发展的足迹迈过了两千多年历史岁月，经过两汉、三国、晋及南北朝的战争洗礼后，李白、杜甫、苏轼、陆游等不少文人墨客给通济堰留下了璀璨的千古诗作，具有通济堰水文化特色的文笔才使这座古老的文物着手成春，在历史篇章中萌生珍卉。

一、唐宋诗词中的通济堰水文化特色

通济堰本身就是一座历史文化遗产，在这座古老的文物身上，唐宋诗人把通济堰描绘的栩栩如生，形成通济堰水文化的主要特色。

（一）景观特色

“城阙辅三秦，风烟望五津。与君离别意，同是宦游人。海内存知己，天涯若比邻。无为在歧路，儿女共沾巾。（唐·王勃）”一首千古名诗揭开了具有通济堰水文化的景观特色。据北魏·郦道元《水经注》记载，在通济堰渠首有一座广一里半的汉安桥，《诸葛亮、李严权争研究》（成都武侯祠博物馆研究员、考古学博士罗开玉）认为："每年修桥，百姓甚苦。李严见此，即率百姓开凿天社山，'寻江信道，此桥遂废'。天社山，即今新津县城边上的老君山。这'寻江信道'能替代桥梁，实是拦江大坝，能开闸放水，坝上可供人行过江。换言之，李严重新修筑了'六水门'（通济堰的前身）枢纽工程，使其能连接江的两岸。"汉安桥与"五津"和修觉山与"三江"以及"堰"与取水口相连，在唐宋时期组成了蜀州西川一道靓丽的风景线。为此诗人们簇拥而至，竞相赋言："旧时水流处，沙砾可手扛。请开百步洪，障以千石矼。(宋·晁公溯)"；"岷江惟清流，泾水惟浊泥。(宋·晁公溯)"；"横堤百丈卧霁虹，始谁筑此东平公。(宋·陆游)"；"横江三百丈，遥见石嶙峋。(宋·晁公溯)"；"新津渡头船欲开，山亭准拟把离杯。(宋·陆游)"；"闲随渠水来，偶到湖光里。(宋·范成大)"；"爨（篡，灶）烟惨淡浮前浦，渔艇纵横逐钓筒。(宋·苏辙)"；"晚离方井云藏市，夜渡新津火照江。(宋·陆游)"；"就店煮茶古堰边，偶逢父老便忘年。(宋·陆游)"。公元760年—762年间，李白的生命虽然危在旦夕，但在杜甫的陪同下多次来到通济堰旁，依依不舍地挥笔留下了"西川供客眼，唯有此江郊。(唐·杜甫)"；"此地一为别，孤蓬万里征。(唐·李白)"的名句。

（二）寺庙特色

"十寺幽岩万木稠，蜀川一览尽西州。依微远树低平野，散漫清江吐乱洲。(宋·王之望)"通济堰口依山傍水，临江处故道狭窄，悬崖绝壁，是兵家必争的军事要地。唐宋时期在相邻的方圆不足一里的修觉山上，竟有白观音、修觉寺、宝华寺、玉皇观（雪峰观）和纪胜亭等"四庙一亭"。其间，绝壁、古柏、灵泉、白塔、诗碑、岩刻、殿宇交相辉映，五彩缤纷，在通济堰渠首展现出具有通济堰水文化的寺庙特色，并吸引着唐宋诗人杜甫、陆游、苏辙、范成大等名家在此流连忘返，留下了"野寺江天豁，山扉花竹幽。诗应有神助，吾得及春游。(唐·杜甫)"；"旧闻修觉寺，苇岸却维舟。(宋·李流谦)"；"尚惧忽一失，退即此堂坐。(宋·文同)"；"夜郎秋涨水连空，上有虚亭缥缈中。(宋·苏辙)"；"蝉声集古寺，鸟影度寒塘。(唐·杜甫)"；"海水闻钟下，天风引磬遥。(宋·王之望)"；"松上闲云石上苔，自嫌归去夕阳催。(唐·郑谷)"；"人语纷纷投野寺，床敷草草寄僧窗。(宋·陆游)"；"兴阑扫榻禅房卧，清梦还应到剡溪。(宋·陆游)"；"遥知新津宿，魂梦亦清丽。(宋·范成大)”；“人颂勾龙社，恩沾佩犊民。(宋·晁公溯)”；“名同召伯埭，人立许杨祠。祝史有祀事，歌予迎送诗。(宋·晁公溯)”等佳作名篇。

（三）田园特色

“五年一梦南司州，饥寒疾病为子忧。东来六月井无水，仰看古堰横奔牛。(宋·苏轼)”坐落在通济堰灌区的“三苏祠”，养育了两代大文豪，并在唐宋八大家中占据三席。为此，历任治吏推波助澜，细针密缕（铝，线）地察助农耕，形成了具有通济堰水文化的田园特色诗篇。“平盖神仙院，武阳山水乡。(宋·李焘)”；“江水来自蛮夷中，五月六月声摩空。(宋·陆游)”；“未合三江水，仍通百社溪。(宋·晁公溯)”；“野宽仍据会，江合却分流。(宋·李流谦)”；“往年初堰坏，乐岁亦民饥。(宋·晁公溯)”；“老农望其来，未至龙尾西。(宋·晁公溯)”；“沃野燥刚妨种艺，老农歌哭不成声。(宋·刘克庄)”；“章仇兼琼持上天，上天雨露何其偏。(唐·顾况)”；“东风变林樾，南亩事耕犁。(唐·权德舆)”；“泻卤成沃壤，枯株发柔荑。(唐·权德舆)”；“泥浊禾黍茂，流清粳稻宜。(宋·晁公溯)”；“园通济水池塘好，花近洛川颜色深。(宋·苏辙)”；“眉山远地蜀川西，九穗嘉禾忽效祺。(宋·夏竦)”；“路入武阳信马行，野花香好不知名。官卑无补公家事，时向田间问耦耕。(宋·赵禥)”；“南浦冬阴翻手雨，溢江春涨打头风。(宋·魏了翁)”；“陶盎治米声叟叟，木甑炊饼香浮浮。(宋·陆游)”；“千古相望翁季在，眉山草木有辉光。(宋·汪元量)”；“清阴夏可玩，秀色春可餐。(宋·晁公溯)”；“劝君强作岷峨客，莫念凤凰烟景隔。s”

（四）民俗特色

“地灵自古称多士，人物当今列上流。(宋·吴龙翰)”通济堰灌区沃野千里，富饶的一方水土养育出了“天下第一文人”。唐宋期间，灌区有数百名文人豪杰得到京师提携，游宦于全国，肩以要职，不时地写出怀乡之情；来灌区做官的人也纷纷受灌区风情的感染，留下难忘的墨迹，形成了具有通济堰水文化的民俗特色诗篇。“胶西高处望西川，应在孤云落照边。瓦屋寒堆春后雪，峨眉翠扫雨余天。(宋·苏轼)”；“杜家碧山银鱼诗，黄家虎卧龙跳字。六丁难取真寄愁，程家十袭今三世。程家苏家元舅甥，子瞻正辅外弟兄。正辅有孙文百链，笔倒三江胸万卷。(宋·杨万里)”；“人怜貌枯槁，水与心清净。(宋·晁公溯)”；“拥帚尚怜南北巷，持杯能喜两三家。戏揉弄掬输儿女，羔袖龙锺手独叉。(宋·贺铸)”；“明年我欲修桑梓，为赏庭前荔子丹。(宋·苏辙)”；“劲酒少和气，哀歌无欢情。(宋·陆游)”；“一樽通济桥边酒，两夜临滩驿外钟。(宋·贺铸)”；“人生有腹当盛酒，谁遣吾侪著古今。(宋·刘克庄)”；“百年醉魂吹不醒，飘飘风袖筇杖横。(宋·陆游)”；“峨眉山下三苏乡，至今草木文章香。(宋·王安石)”；“蜀语初闻喜复惊，依然如有故乡情。(宋·陆游)”

二、通济堰水文化的特征

通济堰唐宋诗词不仅是通济堰历史功绩的见证，而且是通济堰水文化的一篓绚丽花篮。从唐宋诗词和正史、别史的记述中，反映出通济堰水文化有如下特征：

（一）通济堰水文化历史悠久

通济堰之名始见于《新唐书·地理志》，而正史《汉书·叙传》中著名的公孙述称帝于蜀汉之战在《华阳国志·先贤仕女总赞》等多种别史中记载的“六水门”（通济堰的前身），使通济堰水文化青史流芳。可以说，在两千多年前创建通济堰时始祖就播下了通济堰水文化的佳种。

（二）通济堰水文化底蕴深厚

通济堰从古至今都是文人墨客向往的去处。宋代理学家魏了翁：“蜀饷为粟百五十万石，仰西州者居多。岁恃以稔，惟都江、通济二堰。”高度地阐明了通济堰的历史地位，清晰地说明了唐宋时期通济堰灌区物产、水费、供奉、管理方面的伟大业绩，直接地道出了孕育通济堰水文化底蕴的物质财富和精神财富。著名文学家、现实主义现代诗派创始人艾茵，不约而游遍祖国的山山水水，他独自来到通济堰渠首咏《游通济堰》：“肯辞旧道向长丘，五谷丰盈众望收。铁闸无言说功罪，碧波轻舞洗烦忧。盆湖聚得千山水，鹃血凝成万树秋。莫笑痴心今古事，一壶浊酒问章仇。”回到住地，想到千年古堰千疮百孔难以入睡，又返回通济堰挥笔留下《水调歌头·观南河水入通济堰》：“踌躇碧山下，来伴大江游。莫非宿愿难遂，辗转又回头。每念人间疾苦，一望良田干渴，千里忍凝眸。”充分展示出在诗人心目中通济堰水文化所蕴藏的巨大魅力，今天引水拦河坝的建成，不仅实现了诗人“盆湖聚得千山水”的愿望，而且实现了灌区千百年的夙愿。

（三）通济堰水文化内涵丰富

诗词只是通济堰水文化的一种表现形式，通济堰水文化的表现形式十分丰富且内涵深厚。在现存的史料墨迹和自然生活中，完全可以捕捉到通济堰水文化的影子。通济堰的水与工程、园林建筑、物产、历史、管理、规章、民风民俗、诗词歌赋、民间传说、绘画影像、散文游记、音乐、书法、雕塑等都有其丰富的内容，反映出一股股通济堰水文化的气息。

（四）通济堰水文化文明健康

“陆海茫茫蜀地稠，武阳新见水通疏。平分万亩青畴阔，饱看千家绿玉收。”（清·张凤翥），历代描写通济堰的文化人，都怀有一种颂扬的激情。史料记载在通济堰有复汉将军祠、寅德公祠，一个是灌区官府为祭祀功曹勇将朱遵所立，一个是灌区人民为祭祀重修通济堰的益州长史章仇兼琼而建。从人文历史中可以充分看出通济堰水文化是健康向上、文明进步、持续发展的。

三、传承和发展通济堰水文化的思考

水文化正在成为一门边缘学科，通济堰两千多年水文化健康发展至今，已形成了它独特的体系，通济堰水文化如何传承，如何进入水文化发展的正轨，是当代水利人，尤其是通济堰人应当认真思考的问题。传承和发展通济堰水文化当前应做好以下几方面工作。

（一）高度重视通济堰水文化的研究活动

水文化是人类为适应自然生态水环境与满足兴利除害需求的一种感性认识，是治水经验的总结，也是社会各个时代人类指导自身行为和评价水利工程、水利事业的准则。自古以来，各朝各代把水文化作为水利发展的精神食粮，认为“兴水农之政，为足民之大事”，都以“治水”为“政要”。因此要从思想上真正认识到研究通济堰水文化的重要意义，从学术上高度重视通济堰水文化的研究活动，建议在眉山市水利学会下设立通济堰水文化学组，并给予一定时间和经费，专门研究有关通济堰水文化的学术问题。

（二）积极营造研究通济堰水文化的氛围

现代文化观认为，一切有利于人本身作为社会生活主体全面发展的人的活动及其成果都可归属于文化。通济堰水文化是人类文化遗产中的一座宝库，它既代表着通济堰持续发展的物质文明，也代表着通济堰悠久历史文化的精神文明。因此研究通济堰水文化是一项系统工程，研讨中应不断地加大宣传力度，拓宽认识范围，使更多更好的专家、学者参与到通济堰水文化的研究活动中，为传承和发展通济堰水文化奠定更加坚实的基础。

（三）搜集编撰好通济堰水文化系列丛书

目前，通济堰水文化资料断简残编，为更好地传承历史文化，建议通过多种渠道搜集整理好资料，通过科学分类编撰和出版通济堰水文化系列丛书和音像制品，树立形象，让通济堰水文化在一定范围内产生强烈影响并发扬光大。

（四）总结和科学发展通济堰水文化特点

水文化是“天人合一”的文明产品，水与水利工程和自然与人文景观良性互补，给人以美的享受和哲理的启迪。勤劳智慧的灌区人民与通济堰水文化历史形成了一种不解之缘，进步到今天才真体验到了“水旱从人，不知饥谨”的科学发展技术水平。因此在研究通济堰水文化时，要与时俱进，用科学发展观观指导我们不断地深入总结，寻找出通济堰水文化的特点，让通济堰水文化和建设与管理以及优美的通济堰旅游开发融为一体，传承和发扬具有通济堰特色的治水精神和“堰水”文化。

堰水文化在灌区建设管理和发展中的意义探讨

摘　要：堰水文化是水文化的分支，是一种内涵繁广的灌区水利工程文化。堰水文化深深地伴随、影响、作用着灌区建设管理和发展。本文通过对堰坝水利工程文化的研究，提出堰水文化的概念，探讨堰水文化在灌区建设管理和发展中的意义，旨在借机掀起传承和发展堰水文化的高潮，推动堰水文化的大发展大繁荣，让社会各界参与谱写出丰富多彩的堰水文化新篇章。

关键词：堰水文化　灌区　发展　意义　研究

一、什么是堰水文化

文化是人类在社会历史发展过程中所创造的物质财富和精神财富的总和，狭义的方化是指物质和物质财富反映的意识形态所创造的（宗教、信仰、风俗习惯、道德情操、学术思想、文学艺术、各种制度等）精神财富。文化是人类的生活反映、活动记录、历史积沉，是人们认识自然，思考自己对伦理、遵循道德和秩序的方式方法与准则。文化在结构上有物质文化和精神文化两分说；物质、制度、精神三层次说；物质、制度、风俗习惯、思想与价值四层次说；物质、社会关系、精神、艺术、语言符号、风俗习惯六大子系统说等。文化包括物态文化、制度文化、行为文化、心态文化四个层次。文化作为人类社会的现实存在，具有与人类本身同样古老的历史。在汉语系统中，“文化”的本义就是“以文教化”，它表示对人的性情的陶冶，品德的教养，本属精神领域之范畴。随着时间的流变和空间的差异，“文化”已成为一个内涵丰富、外延宽广的多维概念，成为众多学科阐述、探讨、研究和争鸣的对象。

水文化是人类在社会历史发展过程中水观念的外化，是指人们在涉水活动中所形成的各种文化现象的总和。也是人类指导自身行为和评价水兴利除害的准则。水是一切生命的源泉，文化是人类生命的财富，因此所有文化几乎都蕴藏着水文化的元素。水文化反映着人类社会各个时期人们对自然生态水的认识程度及其思想观念、思维模式、指导原则和行为方式。

堰水文化是堰文化和水文化的合称。堰文化是人类在社会历史发展过程中为适应自然生态水环境与满足需求而利用堰坝水利工程实现兴利除害所形成的物质财富和精神财富的总和，是指人们设计创造的堰坝水利工程物质形态和人们对堰坝水利工程的意识形态所创造的（宗教、信仰、行为、心理、社会关系、水利工程符号、风俗习惯、道德情操、学术思想、文学艺术、科学技术、各种制度等）精神财富。堰文化是人类指导自身行为和评价水利工程、水利事业，以及人与人之间对于在从事水利工程建设管理及其发展和水利事业工作活动中，进行经验交流和总结与评估其效果、效益及其价值的准则。水文化包含了堰文化，堰文化却具有独立的特点（另文探讨堰水文化的内涵和外延）。文化一词起源于拉丁文的动词“Colere”，意思是耕作土地（故园艺学在英语为 Horticulture），后引申为培养一个人的兴趣、精神和智能。文化概念是英国人类学家爱德华·泰勒在 1871 年提出的。他将文化定义为“包括知识、信仰、艺术、法律、道德、风俗以及作为一个社会成员所获得的能力与习惯的复杂整体”。此后，文化的定义层出不穷，克莱德·克拉克洪在 1950 年搜集了 100 多个文化的定义。耕与文化密切相关，水与耕密不可分，堰与农耕紧密相连，堰因水而建。所以，堰水文化就是指人类在社会历史发展过程中利用堰坝水利工程实现灌区人们生产、生活目的所形成的物质财富和精神财富的总和。堰水文化是水文化的分支，是一种内涵繁广的灌区水利工程文化。

二、堰水文化与灌区的关系

灌区是指有可靠水源和蓄、引、输、配水渠道系统和相应排水沟道的灌溉区域。灌区是人类社会经济活动的产物，随社会经济的发展而发展。灌区是一个半人工的生态系统，它是利用水利工程蓄、引、输、配、排水，同时依靠自然环境提供的光、热、土壤资源，加上人为选择的作物和安排的作物种植比例等人工调控手段而组成的一个具有很强的社会性质的开放式生态系统。灌区是由水库、渠道、堰坝、田地、作物组成的一个综合体，堰坝是灌区常见的水利工程，可以说没有无堰坝的灌区。灌区是我国粮食安全的重要保障，是我国农业和农村经济增长的有力支撑，是提高农业国际竞争力和出口创汇能力的重要基地，是经济社会发展的重要基础设施，是当地社会稳定、经济发展、城乡建设、生态环境保护的主要依托。

堰水文化是随着灌区发展应运而生的一种特有文化，是水文化、历史文化、民族文化、传统文化等大文化的分支，它又包含了随着灌区发展所创造的堰文化、水文化、灌区文化、灌溉文化、农耕文化、田园文化、民俗风情文化、军事文化、法治文化、城市文化、乡村文化、环境文化、风景文化、旅游文化、名人文化、诗歌文化、制度文化等堰水文化的文化元素。

任何文化都是为生活所用，没有不为生活所用的文化。任何一种文化都包含了一种生活生存的理论和方式、理念和认识。我国治水历史非常悠久，治水经验十分丰富，具有深厚的历史文化底蕴。堰水文化反映着人类社会各个时代和各个时期一定人群对自然生态水环境的认识程度，以及其思想观念、思维模式、指导原则和行为方式。中国的堰水文化具有我国民族的特点，具有中华民族自古迄今在灌区用水规律过程中所建立起来的带有独具的特色。如都江堰堰水文化的精髓是“四六分洪，二八排沙”及“深淘滩，低作堰”；通济堰仿此以“滩见石鱼，堰齐四画”等“十二项堰规”为通济堰堰水文化的精华；“抬工号子”反映出黑龙滩深厚的堰水文化特点。

文化有两种，一种是生产文化，一种是精神文化。灌区内的堰坝、水库、渠道、田地、作物、植物、生产工具、生活用具、民居、水利工程设施、科学技术等构成灌区生产文化的物质形态。灌区工程设计、管理思路、管理制度以及由灌区物质形态转化的宗教、信仰、行为、心理、社会关系、风俗习惯、道德情操、学术思想、文学艺术、艺文作品等观念是灌区精神文化的产物。灌区文化的生产文化和精神文化是堰水文化最深厚的文化底蕴。

三、堰水文化在灌区建设管理和发展中的意义

堰水文化的物质形态是随着人们的逐步认识而积沉的历史文化，社会物质生产发展的连续性，决定堰水文化的发展也具有连续性和历史继承性。堰

水文化的意识形态是一定社会的政治和经济的反映，作为意识形态的文化，又作用于一定社会的政治和经济的建设和发展。弘扬和发展堰水文化，在现代化灌区建设管理和灌区发展中具有深远的历史意义和重要的现实意义。

（一）堰水文化对灌区建设产生重要影响

灌区城市、工业、农业、生态环境、旅游景观建设和发展的各项规划都离不开文化要素，并在各个方面体现出堰水文化内涵。水是生命之源，任何物质建设都离不开水。堰水文化深刻地影响着灌区各类建设的设计思路和规划格局。灌区城市建设依赖堰水文化的支撑，城市环境必须依靠堰水文化作铺垫，甚至如四川都江堰市、湖北十堰市等城市名直接以水利工程名称命名。水是生产之要，灌区内的工农业生产需要通过水利工程提供水源，堰水文化随着历史的发展深深渗透到灌区工农业的生产领域；水是生态之基，堰水文化直接影响灌区城乡环境建设、工业园区建设、新农村建设、生态旅游建设的效果。堰水文化是灌区建设中营造人与自然和谐、人与水利工程和谐、人水和谐的创新理念。

（二）堰水文化是灌区管理的基础

灌区在工农业生产、人民生活、社会发展中具有生产服务功能、经济功能、社会功能、文化功能和生态环境功能。灌区管理是基于堰水文化的物质发展和精神总结的一种手段，堰水文化是在长期的灌区管理实践过程中形成的。灌区管理手段随着堰水文化的发展从无到有、从有到细、从细到精、从精到优。水法、水法规、规章制度、管理理念、价值观、行为准则、道德标准等堰水文化是祖祖辈辈水利人“献身、负责、求实”的经验积累，是灌区管理的基本依据，并为灌区各项管理工作提供历史和现实的客观基础。

（三）堰水文化是灌区发展的摇篮

堰水文化反映着人类社会各个时代和各个时期一定人群对自然生态水环境的认识程度、思想观念、思维模式、指导原则和行为方式。我国灌区水利发展具有两千多年的历史，堰水文化是随着灌区灌溉事业的产生而形成，又随水利事业而发展升华。灌区发展与堰水文化持续演替发展，灌区水利工程建设和水利事业古往今来必然要创造与其相适应的堰水文化，堰水文化又反过来促进人类对自然生态水环境的重新认识，并把这种观念、思想、行为、价值观等反映于水利工程建设和所从事的水利事业工作中，形成新型的对应于这种堰水文化时代或时期的水利工程和水利事业来促进和指导灌区发展。

（四）堰水文化是现代化灌区建设发展的重要标志

实现灌区现代化首先应具备的基本条件：一是要有一个正确的指导思想，建立适合灌区实际的管理体系；二是要重视灌区文化建设，形成精神元素灵魂的东西；三是要把水利工程融入经济社会发展的大环境中，发挥自身优势；四是要采取有针对性的具体措施，加快灌区现代化管理进程。灌区现代化管理的主要标志包括规范化、系统化、信息化和最优化。“四化”中的知识、技能、思维、理念等无不被堰水文化所涵盖。堰水文化在灌区、水利行业、国民经济发展、人民生产生活等方面的影响和辐射程度及其灌区人民对堰水文化的认知程度、接受程度和实践程度，是灌区文明的标志，灌区文明程度反映着现代化灌区建设发展的水平。

四、如何在灌区建设管理和发展中传承和发展堰水文化

2011 年 1 月 29 日，《中共中央国务院关于加快水利改革发展的决定》正式公布。这是新世纪以来的第 8 个中央一号文件，也是新中国成立 62 年来中共中央首次系统部署水利改革发展全面工作的决定。《决定》指出：“水利是现代农业建设不可或缺的首要条件，是经济社会发展不可替代的基础支撑，是生态环境改善不可分割的保障系统，具有很强的公益性、基础性、战略性。加快水利改革发展，不仅事关农业农村发展，而且事关经济社会发展全局；不仅关系到防洪安全、供水安全、粮食安全，而且关系到经济安全、生态安全、国家安全。要把水利工作摆上党和国家事业发展更加突出的位置，着力加快农田水利建设，推动水利实现跨越式发展。”同时《中华人民共和国国民经济和社会发展第十二个五年规划纲要》把“传承创新推动文化大发展大繁荣”专篇作为今后五年工作的指南。

灌区水利是水利的核心组成部分之一，灌区建设和发展直接影响水利发展的成果，堰水文化的发展程度是灌区建设和发展的标尺。在灌区建设和发展中传承和发展堰水文化，一是要坚持社会主义先进文化前进方向，弘扬中华文化，建设和谐文化，增强灌区水利人的凝聚力和创造力；二是要加强走

中国特色社会主义道路和实现中华民族伟大复兴的理想信念教育，大力弘扬以爱国主义为核心的民族精神和以改革创新为核心的时代水利精神；三是要弘扬科学精神，加强人文关怀，注重心理疏导，培育奋发进取、理性平和、开放包容的社会心态，发扬灌区管理单位团队精神；四是要立足当代中国实践，传承优秀民族文化，借鉴世界文明成果，反映人民主体地位和现实生活，创作生产更多思想深刻、艺术精湛、群众喜闻乐见的堰水文化精品，推进堰水文化创新；五是要抓住《决定》和《纲要》对水利发展和文化发展的政策契机，在灌区掀起传承和发展堰水文化的高潮，让广大的水利人积极参与堰水文化建设活动；推动堰水文化的大发展大繁荣；六是要不断地挖掘历史堰水文化遗产，本着对历史负责，对子孙后代负责的原则，不断地加大宣传力度，拓宽认识范围，使更多更好的专家、学者参与到堰水文化的研究活动中，为传承和发展堰水文化奠定更加坚实的基础，谱写出丰富多彩的堰水文化新篇章。

论堰水文化的内涵与外延

摘　要： 堰水文化是水文化的一大类型，要把它作为一个独立的理论问题来研究，必须明白堰水文化的概念。本文以概念的抽象思维方法分析堰水文化的内涵和外延，明确提出堰水文化是一种内涵丰富、外延广阔的灌区水利工程文化。

关键词： 堰水文化　内涵　外延　研究

“堰水文化”一词在日常语言中是一个陌生的名词。之所以陌生是我们在日常生活中没有注意去观察堰水文化在水文化中的独立概念。如果我们仔细探索，把堰水文化作为一个独立的理论问题来研究，就会发现堰水文化是文化领域中水文化的一个具体文化概念，它具有特定的内涵和外延。

一、堰水文化的内涵

一个概念的内涵指它的定义，而定义必须揭示这个概念所指该类事物的本质。

（1）堰水文化被文化概念所包涵。文化是人类在社会历史发展过程中所创造的物质财富和精神财富的总和，是指物质和物质财富反映的意识形态所创造的（宗教、信仰、风俗习惯、道德情操、学术思想、文学艺术、各种制度等）精神财富。文化是人类的生活反映、活动记录、历史积淀，是人们认识自然，思考自己对伦理、遵循道德和秩序的方式方法与准则。文化在结构上有物质文化和精神文化两分说；物质、制度、精神三层次说；物质、制度、风俗习惯、思想与价值四层次说；物质、社会关系、精神、艺术、语言符号、风俗习惯六大子系统说等。文化包括物态文化、制度文化、行为文化、心态文化四个层次。文化作为人类社会的现实存在，具有与人类本身同样古老的历史。在汉语系统中，“文化”的本义就是“以文教化”，它表示对人的性情的陶冶，品德的教养，本属精神领域之范畴。随着时间的流变和空间的差异，“文化”已成为一个内涵丰富、外延宽广的多维概念，成为众多学科阐述、探讨、研究和争鸣的对象。堰水文化作为一种文化现象，被文化概念所包含。

（2）堰水文化是水文化的重要分支之一。水文化是人类在社会历史发展过程中水观念的外化，是指人们在涉水活动中所形成的各种文化现象的总和，也是人类指导自身行为和评价水兴利除害的准则。水是一切生命的源泉，文化是人类生命的财富，因此所有文化几乎都蕴藏着水文化的元素。水文化反映着人类社会各个时期人们对自然生态水的认识程度及其思想观念、思维模式、指导原则和行为方式。堰水文化是从水文化中分离出来的一种文化现象，是水文化的重要分支之一。

（3）堰水文化并不是堰文化和水文化的简单合称。堰水文化是人类在社会历史发展过程中为适应自然生态水环境与满足需求而利用堰坝水利工程实现兴利除害所形成的物质财富和精神财富的总和。是指人们设计创造的堰坝水利工程物质形态和人们对堰坝水利工程的意识形态所创造的（宗教、信仰、行为、心理、社会关系、水利工程符号、风俗习惯、道德情操、学术思想、文学艺术、科学技术、各种制度等）精神财富。堰水文化是人类指导自身行为和评价水利工程、水利事业，以及人与人之间对于在从事水利工程建设管理及其发展和水利事业工作活动中，进行经验交流和总结与评估其效果、效益及其价值的准则。堰因水而建，既含有水文化的元素，也涵盖了堰文化的全部文化现象，水文化包含了堰水文化，堰水文化却具有独立的特点。堰水文化是水文化的分支，它并不是堰文化和水文化的简单合称，而是一种内涵繁广的灌区水利工程文化。

从以上堰水文化与文化及其他文化元素的关系可以看出，堰水文化实质上就是利用堰坝水利工程实现兴利除害所形成的物质财富和精神财富的总和。任何概念都有广义和狭义之分，对文化做狭义的理解是具有更广泛性的趋势，狭义的文化是严格意义的文化，即人类的精神现象和精神产品。那么，我们用狭义的文化概念来揭示堰水文化的本质，可以得出，堰水文化的内涵：就是指人类在社会历史发展过程中利用堰坝水利工程实现灌区人们生产、生活目的所形成的精神活动及其产品，是因堰坝水利工程引发的各类物质活动的反映。

二、堰水文化的外延

一个概念和外延是指该概念的本质属性的一切对象，是反映思维对象的范围。也就是该概念的适用范围。堰水文化的外延主要包括以下几类文化现象：

（1）水利工程技术。水利工程技术是堰坝产生的直接反映并直接推动水利管理发展的文化现象。这包括传统工程建设管理技术、水利工程技术教育和培训、工程设计、工程施工、工程管理技术和工程建设、管理中如信息化等高新科学技术。水利工程技术是堰水文化的直接反映，它由堰水文化思想创造出堰水文化物质。

（2）水利政治、经济思想和理论。政治、经济、文化是社会形态的三大领域。经济建设、政治建设、文化建设、社会建设既紧密联系、相互作用、不可分割，又有各自的独特地位和发展规律。其中，文化是政治和经济的反映，又对经济和政治有着重要的影响作用。在不同历史时期和各朝诸代，文化的发展既受政治经济社会的制约，又为经济、政治、社会建设提供精神支撑。堰水文化中的治水观念受当时政治经济社会形态的摆布，同时也为统治阶级为了巩固地位找到了一种控制力量。

（3）治水法律思想和道德理念。道德与法律是社会规范最主要的两种存在形式，它们都属于上层建筑，都是为一定的经济基础服务的。它们是两种重要的社会调控手段，自人类进入文明社会以来，任何社会在建立与维持秩序时，都不能不同时借助于这两种手段，只不过有所偏重罢了。两者是相辅相成、相互促进、相互推动的。堰水文化中的灌区水利管理制度大多是基于法律和道德的范畴对水事活动进行规范。

（4）水工文化设施及其活动。它是由水利工程管理单位设立的面向社会大众的文化设施及其活动，例如，水利工程图书馆、灌区水利工程博物馆、水文化活动室、为大众提供参观游览的水利工程景点、供水成果景观等及其活动。这也是一种综合性的堰水文化活动。

（5）水工文学艺术。文学艺术同其他社会意识形态相互影响、相互渗透。政治、法律、道德、宗教、哲学和科学影响着文学艺术并作为思想内容包含在文学艺术作品中。由于文学艺术能够以生动的形象感染人，常常被用作传播其他社会意识形式的工具。由堰坝水利工程造就的山水名川，无不吸引无数文人墨客生产出层出不穷的堰水文学艺术作品。

（6）民间堰水艺术和宗教。民间文化艺术本身是一个具有综合性的文化领域，由于水利工程的形成，水利万物使人们深受泽惠，灌区民间自发地流行通俗素朴的文化不断地与堰水文化融会贯通，形成具有强大的影响力。广大群众所喜闻乐见的民间堰水艺术和宗教，如：放水节、朝水节、拜水节、祭水大典、供奉水神、水庙还愿活动等，是堰水文化的普遍现象。

外延的全部整体叫做一个集合，组成一个集合的那些具体事物叫做该集合的元素。集合中的元素的个数，有些集合只有有限个，有些集合则有无穷个。以上六个方面是堰水文化涉及较多的灌区水利工程的文化现象，并没有包涵堰水文化的所有外延。堰水文化包含的外延也是我们不断探讨的课题。

三、堰水文化的定义

综上所述，广义的堰文化是指人类在社会历史发展过程中为适应自然生态水环境与满足需求而利用堰坝水利工程实现兴利除害所形成的物质财富和精神财富的总和。狭义的堰水文化就是利用堰坝水利工程实现灌区人们生产、生活目的所形成的精神活动及其产品，是因堰坝水利工程引发的各类物质活动的反映。

堰水文化是水文化的分支，是水文化的重要组成部分，堰因水而建，堰水文化既含有水文化的元素，也涵盖了堰文化的全部文化现象，“堰水”文化是一种紧密联系的文化现象，它并不是堰文化和水文化的合称，而是一种内涵丰富、外延广阔的灌区水利工程文化。

做好都江堰年鉴编纂　确保水文化传史流芳

“爰及沟渠，利我国家。”（《汉书叙传下》），从夏禹治水到“未雨绸缪”，从《史记》到《汉书》，从《华阳国志》到《资治通鉴》……一桩桩治水历史记入史册，一部部除害兴利的赞歌谱写出辉煌的诗篇。治水成了“中国的代称”（《新华字典》商务印书馆1982年修订版）。遗憾的是，闻明世界的都江堰水利工程创于何年？“岁恃以稔惟都江、通济二堰。”（魏了翁《壁津楼记》）与都江堰齐名为“天府之国”增光添彩的古老的通济堰水利工程是何年所建、何人所创暂时无法考证。由于代远年湮，记载失传，历史记载给我们留下了“断层”，使水文化研究出现了裂缝。这给我们史学研究者提出了一个十分现实的问题，那就是如何全面客观地做好年鉴编纂，全面总结研究历史，挖掘水利文化，造福千秋万代。笔者结合近年工作实践，就如何做好年堰编纂工作，保障水文化传史流芳谈谈自己浅薄的认识，与同行商榷。

一、用科学的态度找回失落的年代

都江堰也罢，通济堰也罢，众多辉煌的水利工程创建历史，总是留下一些残缺，让后人回味无穷。它像“前人栽树，后人乘凉。”一样，让你在舒适的享乐中不忘“创造”。从古至今，无数史学研究者，夜里挑灯，辛勤耕耘，考证了战国秦昭王后期建都江堰（约公元前276~前251年，距今有2254~2280年历史）、东汉元年前建通济堰（公元25年前，距今至少有1978年历史）。这些佐证虽然客观实在，但依然没有找到它们的创建年代。

1995年至2000年，国家实施“夏商周断代工程”，5年时间内，国家动用了200余名顶尖的天文、地理、考古、计算机等领域的专家学者，经过潜心研究，找回了我国“夏商周”失落的年代，填补了我国《历代纪元表》的空白。作为水利史研究学会，在当代科技迅猛发展的时期，应当组织力量，用科学的态度和新技术，认真研究历史，找回水利史失落的记载，填补水利空白，为水利史文化断代找回答案。

二、组建水利年鉴编纂机构和队伍

记载水利史，发展水利文化是一项长期的系统工程。史学研究者注重个案问题的研究，不可能对水利史研究面面俱到。编修水利志，全面、客观、真实地记述灌区水利建设管理情况，科学地积累、保存与开发、利用水利文献和史料，发挥水利志的资治、教化、存史作用，是水利事业一件承先启后、继往开来、与时俱进的大事。水行政主管部门及水利工程管理单位应当组建水利史年鉴编纂机构或配备专职的水利史年鉴编纂人员，点点滴滴收集整理史料，专门负责水利年鉴编纂、水文化、水利史的研究和水新闻的宣传工作，不断总结水利发展的内在规律。为完善水利史，发展水文化打下基础，为研究自然规律，不断地发展水利事业创造条件。

三、新闻与传史相结合宣传水文化

水利系统新近发生的事实，终将成为历史，现实与历史是相辅相成的。有的新闻是研究史料的重要资料。如今年 5 月底，在“三峡工程”清理中，发掘了西汉古迹——公孙述为下山偷水开凿的暗道，这条暗道也成为世界上从发现到消失时间最短的文物古迹（6 月 10 日淹没在山峡库区 135 米水位以下）。

公孙述（？~公元 36 年，字子阳），新莽时任蜀郡太守之导江正卒。因不满王莽帝的专横腐败政治，起兵据蜀称帝，被后人称为西汉末年叛军。但作为蜀郡导江正卒的公孙述，长期占据蜀郡、犍为郡，有开渠理念，是否为治水人物？值得水利史学认真研究。

四、加强会员培养，用新科学技术修志

省水利学会水利史研究会，每年应当召开 1~2 次学术交流会，不断推动水利史学成果的发掘和研究。通过学术交流，培养水利史学研究兴趣，吸收一批懂新技术、有新思维、会新方法的年青学者进入水利史研究组织，组成

有水利、史学、考古、电算、文学、天文、地理等多学科通才的水利史研究会，为加速“水利史断层”研究成果创造条件。特别是电子计算机的蓬勃发展，无疑给我们的生活、工作、学习和研究工作等带来了极大的便利。水利史研究学会应利用当代有利的机遇，用新的科学技术和方法，为迎接新世纪水利志编修大潮提供史料。

五、定期编纂志书总结水利新成果

2003年10月1日颁布实施的《四川省地方志工作条例》，是我国第一部地方志编修法律。它的出台将在全国范围内引发新世纪地方志编修的大潮。该《条例》规定：“省、市、县三级志书一般每10~15年续修一次。”

省水利学会每年应当编写《水利年鉴》，都江堰作为著名的水利工程，每年应当编写《都江堰年鉴》，在此基础上，每10年应当编修《水利志》、《堰志》或撰写水利志、堰志续篇，不断地总结水利新成果，为后人留下宝贵的治水经验。特别是当今办公已经自动化，实施无纸化信息传输，水行政主管部门和水利工程管理单位更应当高度重视《水利年鉴》和《水利志》书的编纂工作，通过编纂年鉴和编修志书，及时查漏补缺，填补空白，确保水文化传史流芳。

管理探索

通济堰水利工程续建配套与节水改造成果带给大旱之年的反思

摘　要：2006年，我国发生了建国以来罕见的特大干旱，川西同样受到春、夏、伏三季连旱的威胁。然而通济堰灌区却“水旱从人，不知饥馑”，全灌区52万亩农田无旱灾发生，工农业生产稳产增收，粮食产量比去年同期增长5%。通济堰灌区首次实现抗御特大干旱的能力，归根结底得益于通济堰水利工程续建配套与节水改造成果。通过反思认为，只有牢固树立“建管并重”的水利建设思想，坚持搞好水利工程建设，才能切实抗御洪旱灾害。

关键词：水利　搞好　建设　抗御　洪旱灾害

2006年，我国发生了建国以来持续时间最长、范围最大、损失最重的罕见的特大干旱，黄河以北大部分地区、西南南部及华南西部发生了严重春旱。重庆、四川、内蒙古、甘肃、宁夏、湖北、贵州等地发生了严重的夏旱和伏旱。四川省21个市、州的139个县（市、区）遭受严重伏旱，川东北绵阳、广元、达州、广安四市，南充、德阳、成都、遂宁四市大部，巴中、阿坝两市个别地方的49县（市、区）持续遭遇夏旱、伏旱袭击，抗旱水源奇缺，人畜饮水困难，损失巨大。同期，因高温少雨，江河水量减少，地下水位下降，川西同样受到春、夏、伏三季连旱的威胁。面对特大干旱，处于川西平原的通济堰灌区却“水旱从人，不知饥馑”，全灌区52万亩农田无旱灾发生，工农业生产稳产增收，粮食产量比去年同期增长5%。

今年通济堰灌区首次实现抗御特大干旱的能力，归根结底得益于通济堰水利工程续建配套与节水改造成果，在认真总结中带给我们如下反思。

一、搞好水利工程续建配套与节水改造是抗御旱灾的基本途径

通济堰始建于公元前141年，距今有2148年的历史。由于修建标准低，工程长期带病运行，老化严重，1993年被水利部评定为四川省唯一的一座“Ⅰ”级老损工程。自建国以来，通济堰灌区历经了春旱22次、夏旱13次、伏旱19次，1972年、1977年伏旱28天，灌区出现“全民抗旱，碗盆浸秧”的抗灾景象；1987年夏旱连春旱，灌区实行轮灌，水温高达39℃，大部分灌区无法掺灌，20%秧苗枯竭，粮食减产31%；1993年冬至1994年夏，灌区冬干后春夏连旱，进口基本断流，灌区大部分无水栽秧或栽后无水掺灌，通济堰管理处派出抗灾组人员四处寻水求援，请求部队派出解放军400余人参战抗旱，临时筑坝500米拦金马河枯水至通济堰，直至5月底人工降雨后才基本缓解用水矛盾，当年灌区受灾35万亩，粮食减产近4成。

新中国成立以来的实践证明，长期“带病”运行的通济堰水利工程，渗漏严重，工程建设滞后，根本无法抵御自然干旱的袭击。在抗旱总结中，通济堰管理处领导班子深深体会到，只有牢固树立“建管并重”的水利建设思想，坚持搞好水利工程建设，才能切实抗御洪旱灾害。

二、搞好水利工程续建配套与节水改造是治旱治灾的根本出路

通济堰水利人通过认真思考，1993年开始对千疮百孔、形如天然河道的古堰工程改造列入重要议事日程，进行规划设计。在地方各级政府、水行政主管部门的积极配合和水利部的大力支持下，1999年通过了《通济堰灌区续建配套与节水改造规划报告》，并且列入全国大型灌区续建配套与节水改造项目，实施通济堰水利工程建设改造。1999~2005年，通济堰灌区按照“先急后缓”“枢纽-总干-支渠-田间工程”的顺序，先后完成了渠首取水枢纽工程、总干渠全部和东、西干渠共47.678公里渠道整治及渠系配套建筑物的改造整治，共完成续建配套与节水改造批复投资11840.12万元。通过连续7年水利工程续建配套与节水改造，干渠渠道输水损失由30%下降到5%，灌溉

水利用系数由 0.286 提高到 0.35，尤其是 2005 年底投资 3200 余万元的引水拦河坝工程建成后，在坝前形成 300 余万立方米蓄水库容，工程防洪抗旱能力大大提高。

面对今年的特大干旱，虽然灌区降雨量仅为历史同期的 10%～30%，进口引水流量却比历史同期多引进 8～10m^3/s。在今年春旱严重的情况下，全灌区提前 13 天实现了满栽满插，同时满足灌区工业、电力、渔业、生态、环保等综合供水，改变了过去春灌期间有两个月限量或停止综合供水的现状；夏旱、伏旱来临时，通济堰为灌区提供 3.32 亿立方米抗旱水量，沟水满渠，水流通畅，充分显示出通济堰部份工程续建配套与节水改造良好的工程效益，全灌区 52 万亩农田无旱灾发生，工农业生产稳产增收，粮食产量比去年同期增长 5%，为大旱之年灌区喜获丰收提供了可靠的物质保障。

三、搞好水利工程续建配套与节水改造是水利发展的战略目标

通济堰灌区成功抗大旱，得益于工程续建配套与节水改造。但灌区还有相当一部分支渠工程设施陈旧、破烂，部分设施配置不合理、不完善，险工、险段多，渠系配套不到位，工程病险依然严重。《通济堰灌区续建配套与节水改造规划报告》中规划灌面 57.09 万亩，灌区续建配套与节水改造规划总投资 3.83 亿元。按照水利部办公厅办农水〔2005〕53 号文件要求，通济堰管理处编制上报并通过审查的“十一五”规划报告，规划静态投资 1.75 亿元，其中骨干工程投资 1.69 亿元。主要完成西干渠尾段 19.867 千米和东干渠 34.268 千米及 14 条万亩以上支渠 164.67 千米的渠道防渗和渠系建筑物整治。因此，通济堰水利工程建设任重道远，要充分发挥通济堰灌溉、排洪效益，增强通济堰水利工程抗御洪、旱自然灾害能力，使古堰永续利用，还得长期不懈地坚持水利工程建设，并在“建管并重”的原则指导下，落实各项水利建设管理措施，实现水利发展战略目标，把通济堰灌区建设成为科学、和谐、文明、平安的现代化灌区。

措施一：深化水利工程管理体制改革，完善双向支撑体系。通济堰水利工程系灌排兼容的水利工程，由于长期对水利工程管理单位定性不准，功能

定位不清，目标责任边界不明确。水管单位承担的公益性职能被忽视，被简单定性为自收自支事业单位，公益性支出财政没有承担，使通济堰工程建设滞后。根据国家和省、市安排部署，要深化通济堰水利工程管理体制改革，对通济堰工程管理进行科学定性、定员、定岗，积极争取财政合理承担基本管理经费和工程日常维修养护经费，争取政府出台更多支持水利发展的政策，从经济社会发展的全局不断地完善政府支撑体系。同时，通济堰管理处积极争取各级一如既往地支持工程建设，克服困难，以饱满的热情投身通济堰的建设与管理，千方百计确保通济堰对灌区经济社会发展的水利支撑。

措施二：加快水利工程建设改造步伐，健全灌区给水网络。“十一五”期间，通济堰管理处按照规划要求，积极争取国家和地方投资，进一步完成西干渠尾段 19.867 千米和东干渠 34.268 千米及 14 条万亩以上支渠 164.67 千米的渠道防渗和渠系建筑物整治。同时认真贯彻中央 1 文件精神，积极配合做好新农村建设中水利方面的支持，认真做好灌区水利血防项目建设，配合灌区 18 个血吸虫病流行乡（镇）搞好 453 万平方米的灭螺工作。对灌区渠系配套改造进行挖潜，开展末级渠系、田间节水和饮水安全工程建设，争取在“十二五”期间完成新建眉青支渠，增加灌面 5.09 万亩，使灌区恢复并增加灌面至 57.08 万亩，形成水流畅通，控制洪水、抵御旱灾的科学给水网络灌区。

措施三：建立水利体系发展战略目标，永续利用水利工程。“十一五”期间，通济堰管理处认真按照四川水利要坚持“四项原则”，增强“四种能力”，构建“四大体系”，实现“四大目标”，突出“四大抓手”，提高“四种水平”要求，坚持以人为本的原则，着力解决好与人民群众切身利益密切相关的水利问题，增强造福于民的能力。坚持人与自然和谐相处的原则，高度重视水利发展中的生态与环境问题，妥善处理好开发与保护的关系，增强对水资源可持续利用的能力。坚持统筹协调的原则，保持水利、水电、水产协调发展，农村水利和城市水利良性互动，建设、管理、改革齐头并进，续建和新建有机结合，社会、经济、生态效益统筹兼顾，增强水利服务于经济社会发展的能力。坚持突出重点的原则，合理确定水利建设规模，优化配置水利建设资金，保续建、保投产，保重点、保难点、保热点，增强发挥效益的能力；构建稳妥可靠的防洪减灾体系，确保防洪安全。构建节水高效的供水保证体系，保证供水安全。构建生态良好的水环境保护体系，确保水环境安全。构建协调发展的产业体系，满足经济社会对水的综合需求；依法行政，强化管理，提高社会管理和公共服务水平。深化改革，理顺体制和机制，提高水利良性、可持续发展水平。推进科技创新，注重人才培养，提高水利现代化水平。坚持“两手抓”，实现全面发展，提高水利整体协调发展水平。把通济堰灌区建设成为富庶灌区，法治灌区，文明灌区，平安灌区，生态灌区和优质服务的灌区，让古老的通济堰水利工程永续利用，世世代代造福于灌区。

理顺大型灌区管理体制　加速水利设施更新改造

——对通济堰灌区管理体制的思考

通济堰是四川省继都江堰之后的又一古老的大型水利工程。据宋代理学家魏了翁《壁津楼记》载："蜀饷为粟百五十万石，仰西州者居多。岁恃以稔，惟都江、通济二堰。"多年来，由于通济堰管理体制存在弊端，使水利管理工作逐步出现了筹措资金难、统一水价难、水费到位难、规费征收难、集中水权难、处理纠纷难等"六大困难"，极大地阻碍了大型灌区水利设施更新改造的步伐。为了全面贯彻执行国务院《水利产业政策》，并使《四川省水利工程管理条例》落到实处，必须对诸如通济堰这类大型灌区合理定位，理顺管理体制。

一、通济堰灌区管理体制现状

通济堰是一座具有两千多年历史的引水工程，灌区位于四川盆西平原中部在成都平原与峨眉平原之间，称彭眉平坝。通济堰水利工程点多、线长、面广，现有水利工程建筑3786处，总、东、西三条干渠全长88.17千米，支渠65条，长369.1千米，斗渠291条，农渠1434条。流经成都、眉山两地市的新津、彭山、眉山、青神四县，灌溉面积52万亩，灌区幅员888.6平方千米。

通济堰水利工程主要灌溉区域在眉山地区。就其功能上讲，它是以社会效益为主的农田骨干灌排工程；从事权上说，它是跨地市的大型水利工程。按照《水利产业政策》的项目分类，它属甲类；按照《四川省水利产业政策实施方案》的中央和地方事权划分的原则，它应属省项目的类别。新中国成立前，通济堰直属原四川省水利局领导和管理；新中国成立后，因行政区域撤、并调整，通济堰的隶属关系及其主管部门有9次变更，现由眉山地区行署领导，主管部门为眉山地区水利电力局。

通济堰灌区通过近两千年历史的经验积累，形成了灌区管理委员会与专管机构相结合的组织管理体制，统一管理与分级管理相结合的行政管理体制，工程管理与服务灌溉的职能管理体制，为维系通济堰大型水利工程的运行和发展起了积极作用。但是，灌区历经两千年的运行，工程严重老化，1993年被水利部评定为“一级老化工程”。为此，通济堰管理处在眉山地区行署和四川省水电厅及其省府等有关部门的大力支持下，积极开展灌区工程的技术改造，并争取国家投资对通济堰灌区工程进行续建配套。

二、大型灌区出现困难的成因

大型灌区出现诸如通济堰灌区管理工作中的“六难”。

（1）筹措资金难。大型灌区存在“在地方保护主义”，长期以来，大型灌区隶属地市领导和管理，受到地方经济和地方保护的影响，在贯彻水利设施技术改造、续建配套项目筹集资金的政策中，存在与地方利益的矛盾，一方面，地方各级政府可随意压缩项目筹集款额或缩减筹集项目；另一方面，受益集体可任找借口或按地方“减轻负担优惠政策”申请对筹集资金进行减免。极大地增大了大型水利工程技术改造和续建配套筹措资金的难度，阻碍了水利设施更新改造的步伐。

（2）统一水价难。主要是因行政区域管理体制不统一，造成制定水价不能实现统一的困难。通济堰因跨两地市，由眉山地区主管，在制定水价政策时主要根据当地的历史习惯和经济条件作出一定区域范围内的政策规定。在实施水价政策时，因本行政区域以外的水价政策与主要受益区域的水价政策有明显的“缺口”，造成新的水价政策施行困难。例如，通济堰灌区中新津区域内，绝大部分水价政策是按都江堰灌区水价标准执行的，一旦眉山地区出台新的水价标准，不仅通济堰灌区在新津范围贯彻新标准非常困难，而且影响主要受益区域新的水价政策的贯彻落实，造成3~5年内完成水价调整任务的难度。

（3）水费到位难。主要是由于水费征收基本上委托县、乡财政、粮食或水利部门代为收缴，但因地方财力不足，导致受委托的水费代收部门大量挪用或拖欠水费，造成水费不能按期到位的困难。近年来，地方建设资金短缺，地方经济受到诸如“农村基金会”等金融问题的影响，增大了资金循环的矛盾，造成基层政府或部门大额拖欠、挪用水费，这种现象在许多大型灌区已屡见不鲜。但因通济堰这类大型灌区在地方政府领导下开展水利管理工作，对争取水费收入及时入库力不从心，不仅造成水利工程技术改造资金的投入困难，而且水利管理及其工程运行费用的正常开支也不能得到保障。

（4）规费征收难。主要是涉及地方经济利益所带来的灌溉效益损失和规费征收的困难。在大型灌区内，各级人民政府为了加快地方建设的速度，不惜占用大量农田、水利设施和水源，极大地降低了水利工程灌溉效益。加之许多建设项目均冠以“一号工程”的名义，地方政府制定了诸多的“优惠政策”，对水利法律、法规和国家、省有关政策中的规费实行大量“减、免”，或采取多种办法逃避水利规费，或不配合贯彻执行水利规费征收政策。使水利规费征收不能如愿以偿，更使水利工程效益逐年减弱。

（5）集中水权难。大型灌区采取分散管理的体制，在水利工程管理实践中，因灌区管理体制不统一，造成“各自为阵”、难以集中水权的困难。如通济堰干渠工程由通济堰管理处管理，组织管理体制由地区领导；通济堰支渠工程是各县水电局所属的事业机构管理，组织关系在县级。作为灌区整体，通济堰每年召开一次用水工作会议，制定调配水原则和用水计划。但在用水计划实施过程中，因各县内部用水矛盾深化，常常出现争用、抢用它县用水计划的事端，甚至导致地市之间、县与县之间、乡与乡之间、村与村之间、社与社之间、户与户之间发生用水纠纷。这样，不仅不能保证计划用水方案的实施，而且造成水资源的单方浪费。

（6）处理纠纷难。主要是因为水利执法权力、范围的限制以及涉及执法对象所至的调解水事纠纷和处置水事案件的困难。如在通济堰处理纠纷的难度表现为三个方面：一是涉及领导权力机构的纠纷处理困难；二是执法范围以外的纠纷处理困难；三是执法权力限制的困难。对于涉及领导权力的水事纠纷案件在通济堰已屡见不鲜，譬如眉山新区建设征用土地后，大量占用通济堰灌溉面积、水域和灌排工程设施，执法人员虽然依法加强了水利执法，但因建设单位是“顶头上司”，纠纷问题得不到圆满解决；在执法范围之外，如新津发生的水事纠纷，眉山地区执法力量束手无策；由于水利工程设施地域偏僻，一些水利工程治安、刑事等违法犯罪案件不能有效遏制。

三、克服大型灌区管理体制弊端的途经和意义

（1）理顺行政管理体制，有利于扩大筹措资金渠道，努力加快大型水利设施更新改造的步伐。大型灌区的行政管理体制，应由省级水行政主管部门领导和管理。这样，既可以克服与地方利益的矛盾和地方保护的冲突，又可充分利用甲类项目建设资金筹措政策解决水利产业化资金筹集问题，以保证加快水利设施更新改造的进程。

（2）理顺区域管理体制，有利于统一水费征收标准，按时完成供水水价调整逐步到位的任务。跨行政区域的灌区，应当由该灌区所辖行政区域的共同的上级水行政主管部门统一领导和管理，使灌区作为一个有机的整体，这样才能消除相互影响，统一水费征收标准，保障合理确定水价和制定水价政策做到同步贯彻落实，以完成供水水价调整逐步到位的任务。

（3）理顺征费管理体制，有利于完善水费征收办法，合理获取大型水利工程运行管理的收益。大型灌区或跨行政区域灌区只有依靠高一级人民政府，制定完善的水费征收管理办法和目标管理措施，并积极贯彻落实，才能遏制地方拖欠、挪用水费的行为，才能使水费逐年足额到位，来保障水利工程管理单位应当获得的合理收益。

（4）理顺预算管理体制，有利于落实规费征收政策，有力发挥农田灌排骨干社会效益的作用。甲类大型灌区的规费征收，应当纳入预算管理，明确规费征收的目的，并制定出相应的考核措施，以保障占用农业灌溉水源和灌排工程设施费、占用灌溉面积补偿费、占用水域（水源）补偿费等水利工程政策规费的足额到位，有力保护大型水利设施，使其发挥农田灌排骨干的社会效益。

（5）理顺灌区管理体制，有利于健全集中调水制度，切实维护大型水利工程水权调配的权威。大型灌区只有实行灌区统一管理，将干支渠合为一体，由干渠管理机构领导支渠管理机构，改变“人”“事”分离的现象，才能进一步健全集中调水制度，保证集中水权和调配水令的政令畅通。干支渠实行统一领导，还有利于化解县与县之间的用水矛盾，加强计划用水和节约用水的管理。

（6）理顺法制管理体制，建立综合执法队伍，有利于依法保护大型灌区水利工程管理的秩序 。大型灌区法治工作必须在有管辖权的水行政主管部门的领导下，建立一支综合的水利执法队伍，及时有力地打击处理水事违法犯罪活动，有效地减少水利项目投资效益的流失，这样才能切实保障水利工程的安全和正常的水事管理秩序，创造水利工程建设项目良好的社会环境，加快水利工程技术改造、续建配套、更新改造的步伐。

财政补贴大型灌区水费现实意义刍议

摘　要：农村税费改革以来，大型灌区水费征收面临着严峻的挑战和困难。要确保水利工程管理单位可持续发展，全面维护和管理好水利工程，使大型灌区水利管理单位成为国家“惠农”的服务机构，发挥水利工程在新农村建设中的新作用，就必须克服交纳“皇粮国税”的陈旧观念，寻求水利管理经费来源的新途径，在实行财政补贴大型灌区水费的基础上，逐步实现农业用水由财政买单的新型水利管理体制。

关键词：水费　财政补贴　必要性

有史以来，水费是水利工程管理单位可持续发展的物质基础，是水利工程维护管理的主要经济来源。2005年四川省委、省政府决定取消农业税征收后，为农业发展、农村建设、农民增收带来了良好机遇。然而，农村税费改革以来，灌区水费征收工作却面临了严峻的挑战和困难。笔者针对通济堰灌区免征农业税一年半来水费征收的实际情况，认为财政补贴水费是很必要的现实问题，下面我们共同探讨灌区管理经费来源的新出路。

一、通济堰灌区工程管理现状及其地位和作用

通济堰是四川古老的两个大型灌区之一，水源来自岷江一级支流南河，由都江堰补水，始建于西汉景帝后元三年（公元前141年），迄今有2148年的历史。通济堰系灌溉排洪兼容工程，属大（二）型灌区，进水闸设计引水流量每秒48立方米，灌区有3条干渠，总长98.47千米，支渠65条，总长363.43千米。灌区支渠以上的各类渠系建筑物3786座，灌溉成都、眉山两市的新津、彭山、东坡、青神4县（区）52万亩农田，为12家大中型工业

单位和78家水产养殖基地用提供水源。

通济堰灌区的最高权力机构为灌区管理委员会，由眉山市政府分管农业的副市长为主任，副主任由灌区各县分管农业的副县长和市水利局局长及通济堰管理处处长担任。通济堰管理处是通济堰工程的常设管理机构，系正县级事业单位，隶属省水利厅，由眉山市水利局代管，下设5科3室，辖5个管理站，全处有职工331人，为自收自支事业编制。其中在岗职工193人，离退休职工78人，离岗待退职工60人。

目前，通济堰工程运行管理经费主要来源于水费征收，年农业水费征收合同数450万元，工业水费征收100万元，水产、发电等综合经营利润30万元。其中农业水费委托灌区县财政代收。

两千年来，得益于历代治蜀者和灌区人民对通济堰的重视、管理和维护。特别是新中国成立后，通过国家投资整治和近年续建配套与节水改造，通济堰已成为集灌溉、防洪、工业及生活、发电、水产等多功能相结合的大型水利工程，成为灌区国民经济和社会发展的重要基础设施之一。

二、农村税费改革给大型灌区水费征收带来挑战

“蜀晌为粟百五十万石，仰西州者居多。岁恃以捻，惟都江、通济二堰。”宋理学家魏了翁高度赞扬都江堰和通济堰灌区为当朝积极交纳“皇粮国税”所作出的社会贡献。时过境迁，新中国成立后，国民经济和社会发展发生了翻天覆地的变化，特别是农村税费改革农业税取消后，一场深刻的农村意识形态革命给大型灌区水费征收带来挑战。

（1）国家取消农业税后，征收水费成为农民争论的焦点。2005年12月19日十届全国人大常委会第十九次会议以高票废止了自新中国成立以来实行了近五十年的农业税制，从而也宣告在中国延续了近2600年的“皇粮国税”正式寿终正寝，这是中国税制史上一个值得永远纪念的日子。早在2005年1月四川与其他一些省就率先取消了农业税，消息传开后，农民一直观望着取消农业水费。同年12月29日央视《焦点访谈》播出的《告别农业税》解说：“取消农业税为广大农民揭开了一个新的篇章，当然喜悦之中，人们还会思考接下来的问题，如何能进一步增收？农田水利、道路、卫生和教育等农村公共设施的投入如何保障等。目前，有关农村改革的相关措施正在陆续

出台，随着农业税的取消，我国农业的基础地位将会得到进一步巩固，广大农民的心也会越来越踏实。”因此，不少农民认为过去不交农业税是违法犯罪行为，现在“皇粮国税”都免征了，国家还要进一步考虑包括农田水利在内等公共设施的投入和保障，农民在水费征收上保持观望态度。

（2）粮食直补政策出台后，征收水费成为农民争论的焦点。“粮食直补”是一项惠及亿万农户、深受农民欢迎的政策。2004 年国家出台了粮食补贴政策后，今年又建立了包括良种、农机、化肥、农药、柴油等粮食综合直补机制。不少农民认为，农业生产性成本都实行了综合补贴，原来一直以交费方式的水费应当取消。

（3）新农村建设目标出台后，征收水费成为农民争论的焦点。《中共中央国务院关于推进社会主义新农村建设的若干意见》把农田水利基础设施作为改善社会主义新农村建设的物质条件，决定“继续把大型灌区续建配套和节水改造作为农业固定资产投资的重点。”因此不少农民把水利设施作为新农村建设的公共设施，认为水利也应当“反哺”农业。

三、财政补贴大型灌区水费的现实意义

我国现有灌溉面积 8. 3 亿亩，其中 30 万亩以上大型灌区有 402 座，设计灌溉面积 2. 88 亿亩，占全国有效灌溉面积的 35%，占全国耕地面积的 14%。大型灌区以全国 1/9 的耕地，生产了全国近 1/4 的粮食，1/3 的农业生产总值，提供了 1/7 的工业和城镇生活用水。全国有水利职工 150 万人，其中水利管理部门职工有 39 万人，区乡一级基层水利职工有 14 万人，大型灌区职工人数 65 万人。大型灌区职工不仅承担着农田水利工程建设管理任务，还担负着具有社会公益性的灌区农村和城市防洪排涝等责任。目前大型灌区水费主要用于水利工程的建设管理和发展，大型灌区水费实行财政补贴具有重要的现实意义。

1. 取消农业水费，由财政补贴水费是社会主义新农村建设的需要。中央 1 号文件提出的“工业反哺农业、城市反哺农村”的发展新战略，是全面推进社会主义新农村建设重要举措。农田水利设施作为社会主义新农村建设的基础设施，主要靠国家投入，征收的农业水费只占国家投入水利建设的极少部分。发达国家为提高本国农产品的国际竞争力，对灌排基础设施建设和灌

溉水费等方面实行高额补贴，其工程投资主要依靠政府补贴和水电、工业部门偿还。欧洲各国补贴灌溉费用的40%，加拿大补贴工程投资的50%以上，日本补贴工程投资和维护管理费用的40%~80%，印度大型工程补年费用的80%，秘鲁补助大型灌溉工程的全部工程费用，坦桑尼亚补助全部工程投资和运行管理费，澳大利亚和马来西亚补助全部工程投资和部分运行费用，巴基斯坦国对印度河下游灌区补助了大部分工程投资，保证了农业生产平稳发展和粮食安全。因此，在“反哺”时期，财政反哺水利，取消农业水费，实行财政补贴，支持社会主义新农村建设。

2. 取消农业水费，是减轻农民负担的必然要求。农村税费改革中取消了农业税，为农民减轻了负担。农业税只是农民负担中的一个部分，农民负担可以追溯到20世纪80年代初农村实行家庭联产承包时，在其后的20多年里一共经历了4次比较大的变化，并且每一次变化其内涵和构成比例都进行了相应的改变和调整。但无论农民负担如何调整，农业税和农业水费在里面所占比例始终是小头。起初，通济堰灌区农民亩平负担在80元左右，分别由农业税（又叫公粮）、水费、电费和提留款（包括乡镇提留村组提留两部分）四个方面组成，因此又称为四费任务，或四费合同。其中，农业税属国家税收部分，占农民负担总额的33.1%；水费和电费属生产性支出，分别占农民负担总额的16.7%和5.4%，由村级组织代收，上缴县乡水电部门；提留款作为乡村发展资金和其他公用经费，属乡村两级所用，占农民负担总额的44.8%。第二次是20世纪80年代中后期至90年代中期，随着农村形势的发展，农民负担由农业税（以粮棉、油为主的大宗农产品税收）、农业特产税（包括蔬、果、林、花卉、水产、畜禽等经济类农产品税收）、水费、三项村提留（公积金、公益金、管理费）和五项乡镇统筹（教育附加、计划生育费、民兵训练费、民政优抚费、民办交通费）等五个部分组成。其中，农业税属国家税收，占28.7%；农业税附加作为县乡地方财力，弥补经费不足，占负担总额的6.00%；水费含电费为农民生产性支出，占15.4%；村级三项提留作为农村积累，占负担总额的17.1%；乡镇五项统筹作为乡村公益事业发展经费和乡镇行管经费的补充，占32.8%。在二轮变化中，国家税收比例在降低，而乡村提留费用比例在上升，农民亩平负担在原有的基础上翻了一番。第三次变化是从20世纪90年代中后期开始至农村水费改革这一时期，是农民负担最重的时期。农民亩平负担在250元左右，高者超过300元，有的地方甚至接近400元，农民负担达到承受的极限。在这一时期，农民负担分别由农业税、农业特产税、屠宰税、水费、三项村提留、六项乡镇统筹（包括在原五项统筹增加了地方病治疗费统筹）、据实征收项目（包括畜禽防疫费、预提共同生产费、农业综合开发费）等六项组成。其中农业税占24.1%，农业特产税占6.2%，屠宰税占4.6%，水费等生产性费用占13.7%，村级三项提留占16.5%，乡镇六项统筹占13%，据实征收项目占24.9%，在据实征收的项目中村占13%，乡镇占11.9%。第四次是21世纪初开始的农村税费改革，在这一时期，对农民负担进行了清理和规范，农民亩平负担降至100元以下。农民负担分别由农业税、农业税附加、县乡水费、村级一事一议和村组共同生产费五项组成。其中，农业税占24.2%；生产性支出占17.9%；其他占57.9%。

由此可见，无论是农村税费改革前，还是改革后，农民负担中农业税所占比例均在30%左右，水费所占比例均在15%左右，而大部分是乡村自制收费项目，搭农业税和水费的车。因此，农业税取消只能使农民负担有所减轻，取消农业费，实行财政补贴水费，符合中央“多予少取放活”的方针，有利于清理和消除农民负担不合理的因素。

（3）财政补贴水费是大型灌区水利工程建设管理和发展的需要。大型灌区水利工程是我国粮食生产的重要基础设施，“水利是农业的命脉。”长期以来，由于水利一直处于支农地位，水费的价格由国家制定，征收农业水费的价格长期较大幅度地低于水生产成本的价值，使许多水利工程管理单位长期亏损，不得不贷款维持单位的运行，严重阻碍了水利工程的健康发展。《国务院办公厅转发国务院体改办关于水利工程管理体制改革实施意见的通知》（国办发〔2002〕45号），使财政补贴水费成为了现实，但由于水利管理改革涉及的矛盾多、问题多、困难多，5年来水管单位体制改革进度令人担忧。比如，四川省截至2007年4月，全省19个市州才有14个市州出台了本地的改革实施意见（方案），批准实施水管单位的改革方案所占比例仅为9%。2005年，市县财政安排两项水利单位改革经费1055万元，省财政安排了1000万元资金用于大型水利工程的日常维修养护。但在粮食直补进度上，2005年四川省支出6.53亿元实行全省粮食直补，2006年又新增补贴资金

5.36亿元，加上原定的粮食直补资金共达11.89亿元，对粮食及柴油、化肥、农药等农业生产资料实行综合直补，直接补贴总额比上年增长82%。

水是粮食的农业生产资料之一，农业用水水费的价格远远背离水的价值，水利工程管理单位实际上一直是农业的服务部门，也因此被确定为事业单位。水费在农民负担中所占比例较少，水工程建设成本实际上早就列入了国家财政预算支出部分，因此，取消农业水费，实行财政补贴水费，对大型水利工程的建设管理和发展有着重要的现实意义和深远的历史意义。

四、推行水利工程管理财政支付的方法步骤

推行水利工程管理财政支付应当与水利工程管理体制改革同步进行，在实行财政补贴大型灌区水费的基础上，逐步实现农业用水由财政买单的新型水利管理体制。

第一步，财政补贴水费。用2~3年时间，在按照目前水费价格继续做好水费征收的基础上，由财政逐年增额补贴水费价格与价值偏离部分。

（1）确定补贴基数。根据各大型灌区2005年水费征收实收面积，确定水利工程管理单位补贴基数。

（2）确定补贴标准。以亩为单位按亩补贴，第一年每亩15元，逐年增额到位。

（3）补贴资金的构成。按照大型灌区隶属关系，以中央补贴为主，建议中央财政补贴50%，省级财政补贴30%，市级财政补贴10%，县级财政补贴10%。

第二步，实行财政买单。取消农业水费，将确定为事业编制的水利工程管理人员纳入政府管理，由财政支付工资。使大型灌区水利管理单位成为国家“惠农”的服务机构，发挥水利工程在新农村建设中的新作用。操作方法可参考以下两个改革的成功案例。

案例一 湖北漳河水库管理局现有职工1190人，（其中在职800人、离退休人员390人），管理4座水库（1座大型、1座中型、两座小型），灌溉面积260.5万亩，属省直管大型工程管理单位，过去是自收自支事业单位，近5年来，年均收入1070万元，支出2028万元，艰难度日。经积极协调，2004年8月省编委批准该局定性为准公益性事业单位，核定财政全额拨款编

制439名（其中养护人员69名），省财政对离退休人员和编制内人员按人均1.5万元/年的标准支付公用经费。2005年已落实两项经费1409万元，编制内人员和离退休人员经费全部纳入财政预算，并核定一定的维修养护资金，标准为1000万元/年，已落实30%。

案例二 安徽全省11个厅直管单位改革已基本完成。淠史杭管理局早在20世纪80年代就是财政差额预算单位，财政按照编制人数定额拨款，并逐年增长，现在其编制980人，（在职800人、离退休400人），省财政对编制内人员和离退休人员按1.35万元/人、年的标准支付公用经费，加上岁修资金全部列入部门预算，其他项目资金照旧。在贯彻改革精神的同时因地制宜、联系实际，不断研究新问题，积极理顺财政管理关系，使改革在高起点上迈新步。

企盼农业水费实行财政转移支付

摘　要：农村税费改革以后，水费成为向农民收费的唯一单项费用，目前农民把水费视作负担，认为“皇粮国税”都免了，水费也应该免。乡镇政府组织征收难度大、成本高，水利程管理单位实收率低、征收成本大，已严重危及水利管理单位的生存和发展。期盼国家减免水费，企望对农业水费实行财政转移支付成为乡镇政府、农村基层干部、广大农民和水利事业管理职工的一大共同心愿，希望在实施“惠民行动”中将“农业水费实行财政转移支付”作为2007年市委、市政府为民办实事的具体内容。

关键词：为民办实事　农业水费　财政转移支付　意见

为了全面贯彻中央1号文件和《中共中央关于构建社会主义和谐社会若干重大问题的决定》精神，笔者借中共眉山市委、眉山市人民政府大力实施“惠民行动”，2007年将在就业促进、最低生活保障、教育资助、医疗保险、农村交通、安全饮水、农民工培训、农村安居、扶贫解困及环境治理等方面为群众办实事的契机，结合水利工程管理单位体制改革难、农业水费征收费难和农业水费实行财政转移支付可行性调研，就“农业水费实行财政转移支付”作为2007年市委、市政府为民办实事的具体内容发表几点意见。

一、眉山市农田水利设施基本情况

农田水利设施是保证国家粮食安全和饮水安全，生态环境保护，社会稳定的重要基础设施。眉山市面积7186平方千米，总人口346.92万人，其中6个区县128个乡（镇）农业人口266.02万人，耕地面积286.6万亩。全市已成水利工程28165处，可控灌面积262.0万亩，实灌面积253.1万亩。其中黑龙滩、通济堰、东风渠3座大型水利工程有效灌溉面积144.45万亩，占实灌面积的57%；中型水利工程18座，有效灌溉面积31.23万亩，占实灌面积的12.47%；小型水利工程293座，有效灌溉面积44.02万亩，占实灌面积的17.39%；村社管理的微型水利工程27852处，有效灌溉面积33.507万亩，占实灌面积的13.07%。

眉山是水资源贫乏区。岷江、沱江、青衣江纵贯市域，年均过境径流总量约274.45亿立方米，其中可用径流量52.01亿立方米；全市多年平均降雨总量92.74亿立方米。全市人均水资源占有量1497立方米，仅为全国人均水资源占有量69.6%，全省人均水资源占有量47.2%。全市亩均水资源量仅482.5立方米，且存在“平坝水量充满，丘陵严重缺水”的水资源分布不均的局面。今年遭遇新中国成立以来的特大干旱，骨干工程、水利工程发挥了无可替代的作用，已形成了全社会的共识。

二、农业水费引起眉山水利发展症结的剖析

我国是农业大国，水利是农业的命脉，水利工程管理具有很强的公益性，多年来水利工程管理单位依靠征收农业水费管理维护水利工程，保证工程安全、防洪安全和用水安全，为社会的可持续发展和社会稳定提供支撑。但因多种原因，水费计收难、收取率下降、水费收入锐减，许多水管单位已面临生存的绝境，水利职工队伍的生存和稳定已成为严肃的话题，相当部分农田水利设施难以正常运行。主要症结是：

（1）水费计收难、收取率下降、水费收入锐减是当前农业水费改革工作中出现的最大问题。据调查，税费改革以前，眉山农业水费实收率最高可达80.4%。税费改革以后，水费收取率仅为65.8%，平均下降15%；水费收入锐减造成了两大问题：一是水管单位难以生存和发展。由于大多数水管单位均属自收自支的事业单位，职工生活和水利工程维护完全依靠收取的水费来维持。随着水费收取率不断降低，许多水管单位职工工资难以保障，造成职工队伍不稳，管理服务不到位，职工上访事件不断增多，农民群众的意见很大；二是管养经费严重不足，水利工程状况日趋恶化。据统计分析，一般情况下，水费收入的70%~80%左右用于供养人员，20%~30%左右用于工程维修。在收入减少的情况下，水费优先保证职工的基本生活，用于工程维修养

护的投入更是微乎其微，导致水利工程渠系管理维护差，工程状况下降。如黑龙滩灌区修建于20世纪70年代，工程运行30余年，老化十分严重，病险渠段较多，工程带病运行，近几年春灌期间渠道经常出现病险和垮塌，但由于水费收入下降，水管单位可用于抢险的资金不足，防洪安全无法保证。另据眉山市仁寿县水利局测算，由于缺乏必要的资金对农田水利工程进行必要的管养维护，全县农业灌溉水利用系数率仅为0.3，造成水资源的严重浪费。水费收入锐减使水管单位职工生存问题显性化，使农田水利设施良性运行面临挑战。

（2）基层政府截留挪用现象不断出现，征收成本不断加大，实征率低。农村税费改革以后，水费成为向农民收费的唯一途径，也成为基层政府截留挪用的目标。据了解，税费改革后，基层截留、挪用水费用于弥补财政资金缺口的情况不断出现，加重了群众对农业水费改革的误解与不满。全市各灌区大多数农民都能按时足额缴纳水费，但对于县、乡（镇）、村以种种理由截留、挪用水费的问题，水管单位缺乏必要的制约手段，因此，水费被层层截留挪用。截至2005年底，全市县乡两级挪用、截留、拖欠农业水费总额高达5133.49万元，其中2003年至2005年农业水费尚欠额就达2492.57万元。2005年全市应收农业水费3117.74万元，3年农业水费尚欠额相当于全市1年的应收农业水费。我市农业水费标准为26~33元/亩，其中提灌区为14~23元/亩，灌区各县政府允许乡镇以85%作收齐水费考核的标准，乡镇5%~8%的手续费，县财政5%~8%的手续费，农民尾欠1%~2%，乡镇以工程补助为名截留2%~3%，工程管理单位只能收到72%~66%，并且水利干部职工一年四季都要忙水费，对服务灌区、维修工程、确保安全方面的精力投入明显减少。

（3）用水缴费苦乐不均，激化了用水户和水管单位的矛盾，水费收缴成为农村新的不稳定因素。由于末级渠系管理全体缺位，工程不配套，计量手段和量、测水设施不完善，难以实行计量收费，导致目前仍是通过行政手段，按耕地面积收取农业水费。农民反映，按亩计收水费，用水多少一个样，用和不用一个样，因此，交水费就不合理。另外，由于渠道损坏，水流失大，有的尾水灌区输水损失高达80%，一些地方将这些损失分摊给农户负担，导致水费过高。个别村社每亩水费高达100元以上，达到种粮成本的20%，导致种粮农民不堪重负。过高的水费和由于渠系不配套造成的供水保证率下降使农民用水的权力和缴费的义务严重不对称，引起群众的强烈不满，由此产生了拒交水费的现象，激化了用水户和水管单位的矛盾。

三、农业水费实行财政转移支付的呼声

全省部分地区农民用水不缴费，农业水费实行财政转移支付已成为一种趋势。期盼国家减免水费成为农村税费改革以后基层政府、农村基层干部、广大农民和水利事业管理职工的共同心愿。税费改革以后，省外一些地方政府通过财政补贴水管单位的方式，对农业水费实行减免。例如浙江省温岭市、永康市从 2004 年起就免收农业水费，对于免收的农业水费全部由地方财政实行转移支付。广东省东莞、佛山、韶关、梅州、汕尾市所有县、区都已停止收取农业水费，云浮市的新兴、郁南等地也已暂停收取农业水费。在四川省内，成都市温江区将全年应收的农业水费 417 万元全部纳入区财政预算；龙泉驿区用财政预算支付农业水费 200 万元，安排本区水管单位运行费用 230 万元；郫县用财政预算支付农业水费 385 万元，还有都江堰市、大邑县、新津县等县（市、区）也陆续实行了农业水费由财政实行转移支付，用于水管单位的运行和工程维修养护，农民不再缴纳农业水费。

农民用水不交水费，农业水费由财政转移支付给水管单位的做法在农村产生的影响和引起的振动是很大的。调查中，不论是政府官员或农民的哪一个层面，都希望国家像减免农业税一样，出台全部免收农业水费的政策。希望在实施“惠民行动”中将“农业水费实行财政转移支付”作为 2007 年本市委、市政府为民办实事的具体内容。

四、农业水费实行财政转移支付的途径

最近，社会各界和新闻媒体对农业水费计收问题反映较多，体现了农村税费改革以来，农业水费计收与农田水利建设方面存在的问题正在成为新农村建设关注的热点和焦点，希望市委、市政府在 2007 年的实施“惠民行动”中将水利工程管理单位体制改革作为农业综合生产能力不受损害和国家粮食安全最重要的配套改革，确保农民减负增收，有效促进节约用水。积极争取中央和省财政直接补贴农业水费新机制的政策，在做好水管单位体制改革的

基础上，由财政承担供水管理和工程运行维护费用，达到水管单位管好水、服务好，农民用好水、种好田的新型农业供水管理体制，发挥水利工程在新农村建设中的新作用。市上应将推行水利工程管理财政支付应当与水利工程管理体制改革同步进行，在实行财政补贴水利工程管理单位的基础上，逐步实现农业水费实行财政转移支付的目标。

建好用好信息高速公路　加快现代水利建设步伐

2000年水利部提出从传统水利向现代水利、可持续发展水利转变。2003年水利部又提出以水利信息化带动水利现代化。什么是现代水利？笔者认为现代水利是随着社会发展应运而生的水利管理理念，现代水利是指运用现代先进的科学技术，保障水资源的可持续利用，发挥水资源多功能作用，提高水资源利用效率，改善环境与生态，达到水与自然趋利避害、人与自然和谐相处目的的水利建设管理方法和手段的过程。现代水利是水利现代化的起跑线，是水利现代化建设的一个进程。在现代水利的建设过程中，网络时代先进的科学技术提供了诸多机会，网络时代的重要标志是信息高速公路。加速现代水利建设进程，必须充分建好、用好信息高速公路，为水利信息化建设搭建平台，为实现水利现代化的目标因利乘便。

一、水利信息高速公路的特点

信息高速公路指能够高速运行的通讯网络，可以迅速地传送文字、图像、声音等信息。水利信息高速公路就是指能够迅速传递水利、水文、水保、气象的文字、图像、声音等信息的网络通道。

水利信息高速公路是建立在互联网基础上的通道。具有信息传递高速度、高保真、广泛性的特点。水利信息高速公路是水利信息化建设的基础，水利信息化建设是一项系统工程，被水利部命名为“金水工程③”，完整的水利信息化内涵包括信息网络体系、信息产业基础、社会运行环境、国家现代化水平等诸多方面的内容，其目标是实现信息的数码化、智能化、自动化、可视化、网络化，使水利信息资源共享。

二、如何建好水利信息高速公路

水利信息高速公路建设的内容主要包括水利公用信息平台、水利运用系统、水利信息安全体系等三个方面。

1. 水利公用信息平台建设

水利公用信息平台建设要按照“统一规划，各负其责；平台公用，资源共享；以点带面，分步建设”的指导思想，实现互联互通、资源共享，以避免重复建设。

（1）水利公用信息平台建设要依托公用电信网，充分利用现有设施，联结 Internet（国际互联网）网络，达到低成本、高效速的目的。Internet 是一个由各种不同类型和规模的独立运行和管理的计算机网络组成的全球范围的计算机网络，组成 Internet 的计算机网络包括局域网（LAN）、城域网（MAN）以及大规模的广域网（WAN）等。这些网络通过普通电话线、高速率专用线路、卫星、微波和光缆等通讯线路把不同国家的大学、公司、科研机构以及军事和政府等组织的网络连接起来。各水利部门、管理单位可以充分利用内部现有硬件采用 Internet 技术建立 Intranet（内部专用网络）。

（2）水利公用信息平台建设要统一应用的开发和运行，统一水利软、硬件环境，建立起水利系统适用的基础数据库，实现各级各类水利信息处理平台的互联互通。

2. 重点应用系统的建设

重点应用系统的建设主要依托水利公用信息平台，建设好辐射全国的防汛抗旱指挥系统、水利政务信息系统、水资源管理决策支持系统、水质监测和评价信息系统、水土保持监测与管理信息系统、水利工程管理信息系统、水利信息公众服务系统、水利规划设计信息系统等水利综合信息的采集、传输、存储、处理、分析、决策的网络，最终建成能够进行网上浏览、网上下载的“水利数字化图书馆”，实现水利信息的自动化，使从中央到地方各级水利管理部门的工作效率、质量、效益和水平有明显提高。

3. 水利信息安全体系的建设

水利信息安全体系的建设是利用水利信息高速公路的重大研究课题。各级水利管理部门要建立网络管理中心，重视网络中心的配置，理顺关系，充实专职人员，分建涉密网和普通网，并实现物理隔离，严格杜绝失密漏洞。国家水利部要加强水利信息网节点 IP 地址的规划、分配和域名的管理，加强网络安全和 Internet 网出入口管理。各级网络管理中心要高度重视水利信息的运行安全和保密，要在防止入侵、安全检测、加固系统和系统恢复等多个环节上，采用先进的安全技术，选用经国家主管部门认证并推荐的安全产品，确保万无一失。

三、怎样用好水利信息高速公路

1. 强化信息意识，建立各级水利信息中心来管理高速公路

目前哲学界也提出“信息哲学”的研究纲领。把“信息”作为哲学的基本概念列入研究范畴，从而确立了信息哲学这门新兴的、具有交叉科学性质的独立哲学学科。而这次发现的“信息”，是在20世纪80年代初，英国哲学家埃文思提出“信息是比知识更为基本的思想”的观点后，得到国际著名哲学家达米特的赞同而重新对信息作出的认识，他评论道：“有一个比知识更天然和更基础的概念，这个概念便是信息。”

当人们从字典中得到“信息”概念只是一种符号到升华至哲学概念时才切身感受到：信息是生产力已成为全社会的共识，信息是人类文明赖以发展的基础，信息是财富，信息已经成为与物质资源同等重要的资源，信息是决策的基础，在信息高速公路上只有信息才能通行。

信息工作具有为领导提供决策依据、沟通工作中的纵横联系、指导自身工作等多种功能。但信息工作离不开信息工作人员，因此，各级水利部门要重视建立和健全水利信息工作机构，因地制宜地为信息工作提供组织保障，建立信息工作队伍，建立健全信息工作的各项制度，作好网络信息收集管理和监控工作。

2. 积累基础数据，分类采集、存储有用的水利管理信息资料

数据是信息的存储形式，即信息资料的数字化。国家水利部建立的基础数据库，主要包括国家水文数据库、水利空间数据库和基础工情库等，是可供多个应用系统共享的数据库。国家水文数据库存储经过整编的历年水文观测数据，是各种水利专业应用系统的基础；水利空间数据库是描述所有水利要素空间分布特征的数据库，是实现“数字流域”或“数字水利”的途径；

基础工情库是描述所有水利工程基础属性的数据库，包括设计指标、工程现状及历史运用信息。

水利基层单位主要建立基础工情库，这些水利信息资料是水利工作者长期积累的宝贵财富，由信息工作人员手工或借助一定的手段输入到数据库中，包括有静态数据、动态数据、实时数据等3类，应分类采集存储。静态数据是指基本固定的信息资料，如水域区划、历史记录、已建工程资料等；动态数据是指需要随时更新的信息资料，如各种统计、人事管理、工程管理资料等；实时数据是指实时发生变化的信息资料，如水位、流量、雨情和各种进度资料等。

3. 建好形象网站，确保内外计算机实现互联互通资源共享

形象网站是一个水利管理部门的标识，在互联网上，人们通过网页认知水利部门的信息，共享各自的信息资料，提高水利为社会公众服务的意识和水平，争取社会对水利的支持，使水利更好地为社会服务。因此，水利管理部门应有一个自己的网站。网站的建设和维护，利用因特网技术，建设水利信息公众服务系统，并不需要很多的资金和技术，只要信息管理人员敬业负责、精心维护，一定会树立水利部门的良好形象。

一个水利管理部门首先要通过自己的信息中心将内部领导和内设机构的电脑联结起来建立起Intranet网（内部专用网络），再将信息中心网站联结上Internet网，并向域名管理机构申请一个自己的域名，取得IP分配地址，内外计算机就实现互联互通了。

4. 加强人员培训，培养自己利用水利信息高速公路的习惯

一切准备工作就绪，每个电脑使用者就可以方便地用好水利信息高速公路了。走水利信息高速公路不需要专门的人才或技术，关键是克服一个利用水利信息高速公路的习惯问题，如有的单位为了及时传送一个文件，至今还是派车由人送到百里之外；每天通过党政网送达的上百页文件，有的单位还是要打印出来传阅；一份未定稿的材料还是由人工来回在两地间不停的送改等，停留在耗资费时的习惯上。

电脑软件不断地智能化，使我们走水利信息高速公路只需要掌握4个关键的服务功能，即电子邮件、浏览器、上传、下载。这4个服务功能不管是领导者还是普通职工，在不到一个小时的时间内就会熟练地掌握，并顺利地

利用水利信息高速公路，现实文件、资料、图片、影像、声音、工情数据等信息的传送和提取。

20 世纪末，改革开放的大门向沉睡的中国人敞开，使人们从观念上走过了知识时代—科技时代—互联时代—信息时代的思维历程，这些时代的内涵不仅代表了那个时期社会经济建设中最活跃、最深刻、最革命的生产力要素，而且为迎接新时代的到来搭建了发展的平台。随着网络时代的发展和数码时代—纳米时代—基因时代的到来，电话、传真和用于办公的汽车等工具将被电脑取代而完成它的通信使命载入历史。让我们充分用好以互联网为主的水利信息高速公路，加快现代水利建设的步伐吧！

关于通济堰灌区建立农民用水户协会之思考

20世纪90年代中期，我国学习、引入用水户参与管理这一先进管理方式，先后在19个省的100多个灌区进行试点，目前全国已组建农民用水户协会2000多个，取得了初步成效，正日益引起人们的关注。通济堰灌区作为四川省水利厅的试点单位之一，在经两年时间的筹备后，于2002年3月29日成立了“通济堰灌区丛林支渠农民用水户协会”。经过两年多时间的实践，结合通济堰灌区的实际，笔者通过解析丛林支渠农民用水户协会，产生如下思考，仅供在通济堰灌区全面推行建立农民用水户协会时参考。

一、丛林支渠农民用水户协会现状

（一）丛林支渠概况

丛林支渠位于通济堰灌区西干渠尾部，长2.8千米，灌溉2个镇5个村18个社的2735亩农田。该支渠修建于20世纪50年代，因修建标准低，又是土渠，经过50年的运行，渠堤跨踢、淤积严重，渠道水利系数低，支渠尾部用水困难。

（二）丛林支渠农民用水户协会

2001年，通济堰成立丛林支渠计量用水试点领导小组，共投入资金50万元，对2.8千米渠道进行了整治，并安装了自动量水装置（WJ-1800型）。通过宣传动员，并报经东坡区民政局注册登记，2002年初，眉山市东坡区通济堰丛林支渠农民用水协会挂牌成立。

丛林支渠农民用水户协会是通济堰灌区第一个让用水户参与灌溉管理的新的管理模式。它具有社会团体法人资格，有会员单位5个，个人会员522户。协会设会长1人，副会长2人，委员2人，全面负责丛林支渠的灌溉工程的运行，管理和维护，全面负责向用水户供水并收取水费。

（三）丛林支渠农民用水户协会经验

通过近两年的实践，农民用水户协会给丛林支渠灌区带来了深刻的变化，取得了明显的成效，但“参与式”管理措施尚需进一步学习、借鉴和完善、创新。该支渠灌区的变化主要表现在以下几方面。

（1）工程维护良性发展。将支渠的管理权和使用权交给协会，工程维护资金按照受益面积分摊，工程的完好程度与所有会员的切身利益密切相关，协会通过召开用水户代表会、散发传单、水政执法大队配合等形式，对乱挖、乱建、侵占、挤拈工程管理和保护范围的现象进行集中清理，加强工程维护的力度。同时，协会制订了一系列管理和维护工程的责任制度，落实到沿渠各段的村组，彻底改变了农民只管用水不管工程的陋习，使工程维护走上了良性发展的轨道。

（2）用水秩序井井有条。田地承包责任制以后，“一把锄头放水”的观念逐渐淡化，有水用不好，用水各自为营，拦沟扎埂层出不穷，争水、抢水斗殴现象经常发生，一般栽秧期要 25 天左右才能完成。协会通过规范用水制度，实行错峰用水，成立以各村组代表参与的输水队伍，杜绝拦沟扎埂现象，有力地保证了输水畅通，较往年提前完成插秧，实现满栽满。

（3）节约用水意识增强。实行计量用水后，用水量的多少，直接牵涉每一户农户的切身利益，用水户的“水商品”意识逐渐增强，加之协会集中了水权，实施时段供水，不管单位会员还是个人会员放水，都必须到协会开水票，完善手续，克服了长期以来用老爷水、懒惰水、狠心水，放长流水，放任自流，严重浪费水量的旧习惯，有效地提高了水的综合利用效率。

（4）水费收缴直接明白。在水费收缴上采用传统代征方式，历年同期只完成不到 20%。协会成立后，实现水务公开和协会财务公开，提高民主监督机制，增加了透明度，群众用得放心，花得明白，交费积极性明显提高，每年 9 月底，灌区水费由协会足额征收全部到位。

（5）申报水量灌面增加。由于供需双方直接见面，申报基本水量的面积较历年计收水费的面积增加较多。原来根据乡镇历年的用水报告，管理处下达的灌溉面积是 2380 亩，协会成立后由协会会员自报用水面积，配给基本水量，基本面积收基本水费，超量用水收超量水费，这种情况下，农民自觉申报面积为2735亩，比历年增加了355亩，直接增加水费收入1万多元。对增加的基本面积的水费收入，采取加大协会提成比例的办法，充实协会资金，使协会有更充裕的资金来改善斗、毛、农渠的用水条件。

二、在通济堰灌区建立农民用水户协会的范围

（一）通济堰灌区工程现状

通济堰始建于公元前141年，距今有两千多年的历史。通济堰工程由进口取水枢纽、干渠、支渠、斗渠、毛渠、农渠组成，灌溉成都、眉山两市的新津、彭山、东坡、青神4县（区）27个镇及326个村的52万亩农田，同时为灌区工业、乡镇企业、水产养殖、水动力和80万人饮用水提供水源。其中：总、东、西三条干渠长98.39千米；支渠65条，总长363.51千米；斗渠长493.2千米。斗渠以上的输水渠道总长955.1千米。

（二）通济堰灌区不适宜以支渠为单位建立农民用水户协会

丛林支渠建立农民用水协会在试点中有良好的示范效应，不少灌区管理单位邀请日本专家专程莅临现场参观。但在通济堰灌区全面实行以支渠为单位建立农民用水户协会，目前条件尚不成熟，其理由有以下几点。

（1）整治支渠工程需要大量资金。通济堰支渠总长363.51千米，支渠以上的渠系建筑物3786座。按照《通济堰工程总体规划》，改造支渠工程需要投入资金数千万元，根据目前国家、地方和通济堰的财力情况，支渠工程只能逐年改造。如若支渠工程没有改造，无法实现计量供水收费。

（2）综合利用水源不均等。通济堰年引水量13亿立方米，灌区气候适宜渔业生产，不少支渠内修建了常年用水的养鱼池和水力发电站，在支渠实行计量用水，无法保障水源的综合利用。

（3）支渠边界涉及行政区域多。通济堰灌区支渠大多跨越乡镇，有的还穿越区县，由支渠水利边界涉及的用水户组成协会，在行政管理方面统一思想的难度大。

让农民用水户参与国有大中型灌区管理，把灌区的部分管理责任和权力移交给用水户协会，这是国际上通行的灌区管理模式。世界银行在华机构和

中国的推进者们共同持有对发展农民用水户协会所必须坚持的四条标准，第一，建成农民自己的组织，由农民选举、农民管理、农民决策；第二，按照水利边界组建，而不按现行的水利边界组建；第三，按方量水，按方收取水费；第四，水费交纳给供水者，并支付给供水方和供渠系维护使用。这些标准可以保证农民用水户协会和其组织设计的理念一样，成为农民用水户协会的一个自治组织，实现用水户在灌溉管理上的充分参与。基于上述理由和"四条准备"，笔者认为，目前通济堰灌区推广建立农民用水户协会，以乡镇为单位较为适宜。

三、在通济堰灌区建立农民用水户协会的尝试性思路

实行计量用水，推广以用水户参与灌溉管理为主的灌区基层管理体制改革，是水利管理发展的方向。在契机和困难俱在的情况下，对策思路的选择就要力图最大限度地积累有利条件，化解不利条件，并不断促进有利态势的成长。

思路一：用水户是灌区的直接受益者，灌区工程和经营状况的好坏与他们的切身利益息息相关。用水户参与灌溉管理的核心是参与，对通济堰的管理，要建立在灌区层次上的参与式管理模式，即以管理处为核心，以支渠管理单位为重点，以斗渠农民用水户协会为支点的用水参与管理平台。在措施上，一是加大对工程的投入，尽快配套完善灌溉工程，不能把破损的工程设施交给用水户自己修复、完善，影响农民参与改革的积极性；二是加大培训教育力度，不断提高协会人员素质；三是尽快出台用水户参与灌溉管理的相关配套政策和措施，鼓励和规范用水户参与管理；四是大力推广用水户参与灌溉管理，与承包、租赁、股份合作制、拍卖等改革方式有机结合起来。

思路二：在情况千差万别的中国农村推行协会，问题十分复杂，非常重要的一个问题是使之适应不同地区的实际。因此，要允许创新，不能拘泥于国外介绍的模式，在推进用水户协会试点和探索模式的过程中，现阶段通济堰灌区还要选择合适的试点单元，不断地探索不同类型灌区和不同类型村社如何建立协会，摒弃盲目追求数量，把主要精力放在提高现有协会运行的质量上，在实践中探索良好对策，使协会的原则和制度走下书本，切合实际，成为农民自愿参与的行动，让实践说了算。

思路三：要在软件上做文章，大力推广“计量到斗渠口、价格到田头、统一票据、明码标价、开票到户”的“一票收费”制，以及“配水到户、量水到户、收费开票到户、建账到户”的“供水到户”方式等改革的成功经验，积极培育用水户协会，开展毛渠、农渠和田间工程管理改革等，因地制宜地采取各种改革措施，切实做到“水价、水量、水费”三公开，减少中间环节；另外，在硬件建设上，要加强末级渠系建设和抓紧建立健全供水量水测水设施设备，逐步实行按方计量、按合同计收水费。

如何深入贯彻行政执法责任制

行政执法责任制是指具有执法权力的行政机关及其行政执法人员在职权范围内履行职责，行使职权而应当承担的法律后果的责任制度。贯彻行政执法责任制是坚持依法行政，保障公民权利的一项基本措施。党的十五大提出：“一切政府机关都必须依法行政，切实保障公民权利，实行执法责任制和评议考核制度。”水行政主管部门作为国家政府的职能机关，在履行水政监察职权、实施水行政执法过程必须贯彻行政执法责任制。

1988 年《中华人民共和国水法》颁布实施以来，随着“一五”“二五”和正在实施的“三五”全民普法教育的展开，水行政执法历经了五年时间的水利执法体系建设和五年时间的水政监察规范化建设，建立健全了一系列水行政执法责任制度。2001 年 1 月，水利部政策法规司在《关于水政监察规范化建设的调查报告》中指出：“水政监察规范化建设阶段性任务已基本完成。”水政监察专职化和规范化建设目标实现后，如何深入贯彻水行政执法责任制，是摆在水行政执法组织和水行政执法人员面前的一个重要课题。我们结合实施水政监察专职化和规范化阶段性建设以来的实践，对如何深入贯彻水行政执法责任制，提出以下几点意见。

一、为什么要深入贯彻行政执法责任制

行政执法责任制是依法行政的保障措施。依法行政是各级行政机关的基本职能，依法行政的最终目标是保障行政机关有效实施行政管理。要保障行政机关有效实施行政管理，必须完善行政执法责任制。通过行政执法责任制的深入贯彻落实，明确行政执法各部门在行政执法中的范围、地位、作用和任务，不断地理顺行政执法部门之间的关系，调整好行政法律关系，完善行政执法机制，建立健全行政执法监督和保障措施。

推行行政执法责任制的目的就是要不断地完善行政法律法规，建立健全正规化、高素质、高效率的行政执法队伍，统一行政执法程序，规范行政执法行为，依法维护公民、法人和其他组织合法权益，实现行政机关有效实施行政管理。贯彻行政执法责任制是健全行政执法机制的重要途径。通过行政执法责任的落实，对行政执法组织及其行政执法人员依法正确处理行政违法案件，避免错案，保障法律规范的权利和义务得到正确实施，从而使国家、集体和个人的合法权益受到法律保护，使违法行为受到应有的惩罚。因此，必须深入贯彻行政执法责任制。

深入贯彻行政执法责任制，重点是健全和执行行政执法责任制度。《四川省人民政府关于切实加强行政执法责任制工作的通知》（川府发〔1998〕31号）文指出："各级政府和各部门要按照依法行政的总体要求，针对本地区、本部门的不同情况，围绕行政执法责任制的实施，重点制定并逐步完善以下制度：一是行政执法的程序和制度，如规范性文件起草、审查程序，行政执法调查取证程序，行使行政审批权、核准权、审查权的程序，证照颁发程序，行政复议和行政应诉制度，行政赔偿制度，行政执法人员回避制度等；二是行政执法监督检查制度，如规章、规范性文件备案审查制度，重大行政处罚备案审查制度，行政执法投诉举报制度、错案责任追究制度等；三是行政执法人员管理制度，如行政执法人员资格培训制度，行政执法人员考核奖惩制度，行政执法证件管理制度，行政执法纪律等。"

推行行政执法责任制要建立适合本系统、本行业统一的制度和标准。在推行行政执法责任制的过程中，除国家制定出行政执法责任总的要求外，要结合行政机关及其行政执法类型的实际情况，制定纵向的、统一的、细致的行政执法规范和标准。不能把不同种类的行政执法责任混为一谈，也不能使各级行政执法责任制不统一，出现一级一个样的责任制度。根据"依法行政"的总要求，国家行政机关各部委应当制定出台符合自己行政执法类型的统一的行政执法责任制规范和标准，水利部应当制定全国统一的水行政执法责任制度。

二、水行政执法责任制的现状和存在的主要问题

作为行政执法的一个组成部分，水行政执法部门必须依法行政，贯彻行

政执法责任制，建立健全一系列水行政执法责任制度。1988 年《中华人民共和国水法》的颁布实施，使水行政管理工作走上法制轨道，同时给水行政管理部门落实了依法治水的责任。通过水政监察规范化建设实践，水行政执法责任比较明确、健全、落实。但还须进一步完善。

（一）水行政执法责任制的现状

1. 水行政执法责任制的责任层次

要认清水行政执法责任制的现状，我们首先要明确水行政执法责任制有哪些责任层次。

（1）水行政执法责任制从水法体系的规范上讲，水行政执法承担着社会责任、法律责任、行政责任三个层面的基本责任。

第一层面是根据水法法源，水行政执法应当承担的社会责任。

第二层面是根据水法规定的水行政执法应当承担的行政、民事、刑事法律责任。

第三层面是水法规和国家有关行政执法的制度规定的水行政执法应当承担的行政责任。

（2）根据《水政监察工作章程》第四条“水政监察以法律、行政法规、地方性法规和规章为依据。县级以上地方人民政府根据法律、行政法规、地方性法规和规章制定、发布的规范性文件，也作为水政监察的依据。”的规定，水行政执法责任制有五个方面的工作。

第一方面是根据《宪法》《刑法》《民法》《水法》《水污染防治法》的有关规定，水行政执法承担着这些法律规定的合理开发和保护水资源的责任。

第二方面是水行政执法承担着《防洪法》《河道管理条例》规定的有关治理河道、保护国家和人民生命财产安全的责任。

第三方面是水行政执法承担着《水土保持法》等法律法规规定的保护水土资源，维护生态平衡的责任。

第四方面是水行政执法承担着《水库大坝安全管理条例》等法规规定的保护水利工程工程安全，维护正常的用水秩序的责任。

第五方面是水行政执法承担着《渔业法》等法律法规规定的保护渔业资源的责任。

2. 水行政执法责任制的现状

从上述水行政执法责任制的责任层次上可以看出，水行政执法责任制有广义和狭义之分。广义的水行政执法责任制是指水行政管理部门及其执法人员，在职权范围内履行职责，行使职权而应当承担的法律后果的责任制度。它包括在贯彻执行国家涉水法律法规中的立法、司法、执法和监督意义上的责任制度。狭义的水行政执法责任制就是指水行政执法机关和水政监察人员的行政工作责任制度。

目前，从全国来看，水行政执法责任制度主要有《水政监察工作章程》、《水行政处罚实施办法》（水利部第 13、第 8 号令）等几个规章。而有的省（市、区）水行政执法管理部门，根据上级的要求制定了一些与之有关的制度，诸如执法责任分解制度、水政监察巡查制度、错案责任追究制度、执法统计制度、执法责任追究制度以及水行政执法案件的登记、立案、审批及目标管理等工作制度。

从总体上看，水行政执法责任制度已普遍建立，责任比较明确、落实。但水行政执法责任制还不完善、不健全、不规范、不统一、不标准。

（二）水行政执法责任制目前存在的主要问题

目前，水行政执法责任制存在的主要问题有：法律条款不配套，规定比较原则，不便操作；水法律、法规和规章等法制建设速度慢；执法责任制的形式不完善；责任制度的责任标的不明确，责任制度的责任内容不全面，责任制度的责任标准不统一，责任制度的督察责任不标准。具体表现在以下几个方面。

（1）《水法》条款比较原则，不便操作。《水法》是水行政执法的基本法律。我国当前施行的《水法》是 1988 年 1 月 21 日六届全国人大第 24 次常务会议通过，于同年 7 月 1 日实施的。迄今已整整 13 年时间了。在这 13 年时间里，社会和经济都有了很大发展，通过“一五”“二五”“三五”全民普法，全民法治观念、法制意识大大增强。作为水行政执法基本法律的现行《水法》，在法律规范的范围、内容、意义的深度、广度、细度上显得非常滞后。

（2）规章建设速度太慢。水法规是水行政执法的基本依据。我国现行的

《水法》《水土保持法》《防洪法》《渔业法》和《河道管理条例》《水库大坝安全管理条例》《取水许可实施办法》《水土保持法实施条例》《大中型水利水电工程建设征地补偿和移民安置条例》《水利工程水费核订、计收和管理办法》等水法规为水行政执法提供基本的法律保障。但是，水利规章配套速度慢，水事活动没有完全规范，使许多水事行为得不到依法处理。如水的计量、水资源开发利用中的纠纷、水工程保护等问题在水行政执法中有些无法可依，造成水行政执法困难。

（3）责任制不完善、不清楚、不统一、不规范、不健全。具体表现为：

① 责任制度的责任形式不完善。水行政执法的责任制应当包含：法律责任、社会责任、经济责任、工作责任和监督责任等方方面面。目前在制定水行政执法的责任制度时，往往只有工作责任或经济责任的规定。

② 责任制度的责任程度不清楚。在现有水行政执法责任制度中，责任标的及责任程度不明确、不具体，往往在追究责任时无法定性、定量。

③ 责任制度的责任内容不统一。在目前，由于没有统一内容的水行政执法责任制，各地责任制度的内容五花八门，很不规范。

④ 责任制度的监督责任标准不健全。当前，由于没有统一的水行政执法责任标准，承担相同的责任，在各地追究责任时轻重不一，造成不同的后果。

⑤ 责任制度的督察责任不健全。水行政执法内部监督检查责任制度目前尚不健全，使水行政执法有空可钻，影响了水行政执法的形象。

三、如何深入贯彻水行政执法责任制的几点意见

水行政执法是水行政管理的重要手段，水行政执法责任制是水行政机关管理、引导、帮助水行政执法队伍完成水行政执法任务的具体措施。只有通过深入贯彻水行政执法责任制，才能规范水行政执法行为，更有效地实施水行政管理。在认清水行政执法责任制现状和存在问题的基础上，我们就如何深入贯彻水行政执法责任制谈几点意见，供研究制定水行政执法责任制时参考。

（一）认真研究水行政执法的特点，完善水行政执法责任制度

水行政执法的对象是水事问题，要完善水行政执法责任制，必须首先要

弄清水事问题和水行政执法的特点。

1. 水事问题的特点

水事问题，是水事活动在社会法治管理中一种基本的和特殊的现象，是行政执法在水事管理中的对象。根据水行政执法工作的长期实践和理论探讨，水事问题归结起来主要有：危害性、水（灾）害性、复杂性、群众性、隐患性五个方面的特点。

（1）水事问题的危害性。水利设施不仅是国民经济和社会发展的基础设施，而且也是关系国家和人民生命安全以及为社会提供服务的一项公益设施。兴利与除害，是水利建设和管理工作的主要内容，水利设施担负着维护公共安全和社会服务的重要任务。在水行政执法实践中，一些违法犯罪嫌疑人，出于政治的、经济的、私愤报复的或过失等原因，破坏水利设施，给国家和人民的生命财产造成重大损失，特别中战争对水利工程的毁坏，会产生严重的后果。因此，水行政执法的对象具有危害性的特点。

（2）水事问题的灾害性。我国水资源缺乏，而且时空分布不均，旱洪灾害频繁发生。新中国成立以来，国家投资、群众投劳，恢复和新建了一大批水利工程，它主要包括防洪工程、排水工程、农田灌溉工程、城市和工业供水工程、发电工程、航运工程、竹木流放和过鱼工程以及其他各种取水、排水、拦水、截水工程等。这些水利工程在建设管理中常受到洪水的侵害，并因水多水少而引发许多水事问题。

（3）水事问题的复杂性。水利工程和设施具有点多、线长、面广，地处偏僻，设备外露等特点线，而水利工程和设施的服务对象对涉及国民经济的各个部门。所以在水利建设和依法管理过程中，水行政执法对象面宽、分散、目标交叉，水事问题呈现出复杂性的特点。

（4）水事问题的群众性。水是生命的源泉。水行政管理的一切水事活动，都涉及千家万户。不管是防洪治涝，还是供水灌溉等一切水事活动，都与人民的生产和生活息息相关，且直接关系到广大群众的切身利益。在水行政执法实践中，我们不难发现，水事问题往往会涉及一个地区、一方群众的利益，引发群众性水事纠纷。

（5）水事问题的隐患性。“千里之堤，溃于蚁穴。”在水利建设管理中，由于施工质量差，管理不善，水利工程设施被人为破坏没有及时发现和处理等原因，都将会造成隐藏和留下严重的隐患，从而引发灾害性的后果。

2. 水行政执法的特征

（1）水行政执法是行政执法的一个组成部分，水行政执法与行政执法的共同特征是：第一，水行政执法和行政执法都是一种行政行为，是由享有行政执法权的行政机关所采取的具有法律效力的行为；第二，水行政执法和行政执法都是以法律、法规、规章、规范性文件为依据；第三，水行政执法和行政执法都是具体的行政管理行为，目的都是通过管理活动把法律、法规的规定落到实处。

（2）水行政执法与其他行政执法相比，又有相对独立的水行政执法特征：第一，水行政执法的主体是县级以上水行政主管部门；第二，水行政执法是围绕调整社会水事关系而实施的水行政管理方面的行政执法。

3. 如何完善水行政执法责任制

完善水行政执法责任制就是要在现有水行政执法责任制的基础上，结合水事问题的特点和水行政执法的特征以及当前水行政执法责任制存在的主要问题。认真研究，统一规范，制定出符合水行政执法实际的、具有可操作性的水事法律规范和实施程序以及监督、管理、考核、保障措施等标准的水行政执法工作制度，以规范和保障水行政执法组织和人员正确履行水行政执法义务和职责。

（二）充分认识水行政执法的意义，保障水行政执法责任深入贯彻落实

1. 水行政执法的意义

水行政执法是水行政管理的核心和灵魂。水行政执法是贯彻执行水法规的需要，是保护水资源和水工程的需要，是维护水事秩序的需要，是保障水行政机关履行职能的需要，是加强水行政管理的需要。

（1）水行政执法是贯彻执行水法规的需要。《水法》颁布实施后，田纪云同志在全国水利工作会议上指出：“水法是一部很好的法律。但是必须看到，目前有法不依、违法不究的现象还相当严重。现在不是无法可依，而是必须解决有法不依的问题。有了法不去执行，等于有了武器不用。”言简意赅，把水行政执法与贯彻执行水法规的关系说得清清楚楚。再好的水法，如

果没有水行政执法去保障贯彻执行，等于一纸空文。

（2）水行政执法是保护水资源和水工程的需要。新中国成立 50 多年来，我国修建了大量的水工程，对保证国家建设和人民生命财产安全，发挥防洪、治涝、抗旱、发电、供水、航运、养殖等综合效益，起到了不可估量的作用。但是，由于人为破坏，致使工程效益减退，有的危及安全。因此，大批的水工程需要通过水行政执法，切实加强其安全保卫，进一步为民造福。

（3）水行政执法是维护水事秩序的需要。由于水的重要性、多功能性和不可替代性，它涉及社会的方方面面，构成了复杂的水事关系。如果没有水行政执法从中进行具体调整，要保护好水土资源和渔业资源，维持社会正常的水事秩序是难以做到的。

（4）水行政执法是保障水行政机关履行职能的需要。水行政机关主要有决策与组织领导、建设、管理和监督、服务、协调、保卫六大职能，没有哪一项职能能够离开水行政执法而达到尽如人意的程度。比如，水行政机关在履行防洪抗旱的服务职能中，往往会遇到违章设障阻水的干扰，不通过水行政执法就难以解决问题。所以，水行政机关的职能行使，需要水行政执法作保障，否则，就难以实现水行政管理的高效率。

（5）水行政执法是加强水行政管理的需要。水行政执法与水行政管理紧密联系而又有原则区别。从行政管理学讲，行政管理包括事前宣传、教育、公告、警戒、指引、预防阶段和事后的处理、处罚、补救、赔偿的后阶段。没有执法手段，行政管理的前阶段就难以过渡到后阶段。过去管理部门在违法案件面前常常束手无策，原因就在于没有执法手段。从这一点上讲，执法并不包办管理，而是为管理工作撑腰。

2. 深入贯彻落实水行政执法责任制的途径

水行政执法责任制是水行政执法的“核心软件”，是水行政执法的操作系统。没有水行政执法责任制，水行政执法无法贯彻执行；不完善、不健全、不规范、不统一、不标准的水行政执法责任制，往往会导致水行政执法结果出现偏差，影响水行政执法形象，甚至造成难以估量的后果。因此，不断深入地完善、健全、规范、统一水行政执法责任制，是正确施行水行政执法的保证。完善水行政执法责任制应当从以下几个方面入手。

（1）加强领导。领导是运用权力引导、影响、支配水行政执法队伍，努力实现水行政管理目标的程序、行为和职能活动的过程。因此，要完善水行政执法责任制，必须要有一个健全的组织领导体制，要有正确的领导方法，要有一个规范的水行政执法领导责任制。《水政监察工作章程》对全国水政监察组织体制分别规定，设立水政监察总队、支队、大队。但水利部没有这支队伍的领导上级，这就像群龙无首。因此，水利部也应当设立水政监察总部，这样有利于完善水政监察队伍的组织领导体制，由水政监察总部领导全国水政监察队伍，并制定全国统一的水行政执法责任制。

（2）修改《水法》及其配套法规。水法规是建立水行政执法责任制的基本依据。由于在实施《水法》13年时间里，我国发生了法制建设飞跃发展的变化，原《水法》条文显得非常粗略，不便操作，急待修改完善。同时，与之配套的法规也应随《水法》的修改进一步建立或完善。如“水利工程管理条例”“防旱抗旱条例”“水质监测管理条例”等法规应尽快起草出台；《河道管理条例》《水库大坝安全管理条例》等法规也应作出相应地修改。

（3）建立和健全水行政执法保障制度。2000年5月15日颁发的《水政监察工作章程》和1997年12月26日颁发的《水行政处罚实施办法》是目前水行政执法责任制最主要的规章。根据行政执法的要求，水行政执法规章建设的内容还需要不断地健全和完善。从水行政执法内部管理的角度，还应当建立《水行政执法错案责任追究制度》《违反行政事业收费和罚没收入管理规定处理办法》《违反水行政执法着装、证件、装备管理规定》《水行政执法目标管理责任制考核办法》《水行政处罚国家赔偿实施办法》《水行政处罚听证程序实施办法》以及《水行政执法监督检查规定》等，不断地完善内部监督和管理机制。

（4）统一责任制。水行政执法责任制是水行政管理部门及其执法机构和监察人员，在执行水法规时应尽的职责和承担过失的规章制度。因此，水行政执法责任制应当有一个统一的标准。从执行水法规的目标、程序、方法、措施、责任、过错等管理办法和水政监察人员的编制、岗位、素质要求入手，由水利部政策研究部门制定出规范的、标准的、内容全面和具有可行操作的《水行政执法工作办法》。而不必一个省一个市一个县再搞一套大同小异的责任制度。

（5）规范执法队伍。水行政执法队伍是一支执法内容多的队伍。水行政执法不仅有按地域划分组成的各级水行政主管部门的水政监察队伍，而且有按流（水）域划分的直属水政监察队伍。在水行政部门内部又有不同执法组织。如水政监察，水文监察、水工程保护、水土保持督察和渔政检查。还有与水有关的航政、运政、林政、环保公安、保卫等交叉的行政执法队伍。由于水行政执法政出多门，有的水事违法行为不能及时依法处理，对有些水事活动不是互争管辖，就是互相推诿。因此，对水行政执法队伍的管理应当理顺体制，以统为主，统分结合。

以统为主，就是要把在本行政区域（或水域）内的行政执法队伍统一管理起来，实行大水政管理原则。在水行政机关取消一切内部的内设执法机构（如不设立某某市水政监察支队水资源监察大队、某某市水土保持监督大队等）。这样有利于整体执法行为的统一管理。

统分结合，就是根据水行政部门的行政科室和水工程的特点，建立双向管理的行政执法体制。即在水行政主管部门内部设立一个综合执法处（科、股）和一个具体的执法机构（总队、支队、大队），在这个执法机构下面再分设不同的执法组织（支队、大队、中队）。对工程管理单位由隶属的水政监察机构（总队、支队、大队）派驻水工程管理单位水政监察组织（支队、大队、分队）统一管理水工程水域内的行政执法工作，在派驻机构（支队、大队、分队）下面，根据水工程的实际需要设立兼职的水政监察人员。对不同的执法人员实行双重领导。

（6）监督保障。监督和保障是深入贯彻水行政执法责任制的两项基本措施。

水行政执法监督是指为了保证正确施行水法规，由上级水行政机关根据《水行政执法监督检查办法》对贯彻水行政执法责任制中对水行政执法机构和人员进行的检查和指导。因此，一是要制定水行政执法监督检查办法；二是要建立健全水行政执法监督机制；三是要培养一批懂法律、懂业务、高素质的水行政执法监督检查人员；四是对水行政执法活动和贯彻水行政执法责任制的情况进行日常督察。

水行政执法保障是深入贯彻水行政执法责任制的一项基本措施和基本条件。要完成水行政执法任务，必须要有最基本的保障条件，保障条件主要包括：

第一，人才。在行政管理中，组织形式决定后，人是最基本的决定因素。水行政执法不仅要有懂法律、懂业务的全能人物，而且要一批政治素质好、业务精、职业道德好、知识全面的人才。在水政执法实践中，水政监察人员与水政监察人才所产生的执法效果是截然不同的。因此，在选拔水政监察人员时，要坚决杜绝任人唯亲的现象，要把一些政治可靠、业务精通、法律观念强、道德水准高、知识面广的优秀骨干选任到水行政执法的领导岗位上来，把一些精通业务、精通法律、具有各项专业技术业务和较高法律知识水平的人才选拔到水政监察的队伍中，组成一支精干的水政监察专职队伍。

第二，政策。政策是水行政执法的生命线，是推动深入贯彻水行政执法责任制的力量源泉。水行政机关要制定一系列与水行政执法人员有关的政治、经济、生活待遇政策，推行水政监察津贴制度、人身保险制度、赡养抚恤制度和职称评定制度等，保障水政监察人员在行政执法过程因正确的执法行为而产生的不良影响和后果，解决水政监察人员后顾之忧。

第三，经费。经费是水行政执法的经济支柱。在市场经济环境中，没有钱，什么事都不好办。要完成水行政执法任务，需要人头，办案开支，必要的技术装备等，这些都需要一笔不小的经费。因此，在研究制定水行政执法责任制的同时，要制定出水行政执法的经费来源和开支管理办法，以确保落实水行政执法责任制和完成水行政执法工作。

第四，装备。装备是深入贯彻水行政执法责任制和水行政执法的“硬件”设施。现代违法活动往往采用高科技违法犯罪手段进行。因此，要完善水行政执法责任制，应当有必要的“硬件”作保障。在装备上，应由水政监察总部统一安排，各级水行政主管部门筹措资金，配备交通（车、船）、通讯、照（摄）相机、自动设备等基本水行政执法工具，在有条件的地方，还可配备一些如勘察、检验所使用的电脑、雷达、显微观察以及现代网络技术等先进的高科技设备。

（三）积极推行水政监察标准化建设，促进水行政执法责任落实进一步深入

1989 年 6 月 24 日水利部水政〔1989〕13 号《水利部关于建立水利执法体系的通知》颁发后，在全国开始了水利执法体系建设。由于当时缺乏经

验，没有对水利执法体系建设的具体过程提出阶段性的目标，只是提出了“在全国水利系统建立水利执法队伍”的要求。到1995年底，各级水行政主管部门的水政机构普遍建立了起来，并形成一支7万余人的专职与兼职相结合的水政监察队伍；1996年3月28日水利部政资监〔1986〕2号《关于印发水政监察规范化建设实施意见的通知》颁发后，全国水政监察队伍在试点建设的基础上，全面铺开了水政监察“规范化”建设，为建立我国正规化水政监察执法队伍开创了新的篇章。经过几年时间的努力，水政监察组织全面实现了执法队伍专职化、执法管理目标化、执法行为合法化、执法文书标准化、学习培训制度化、执法统计规范化、执法装备系列化、检查监督经常化的“八化”要求。推行水政监察规范化建设，是水行政执法部门全面贯彻《中华人民共和国行政处罚法》和落实《四川省行政执法规定》的一项重要的保证措施，其实质就是落实行政执法责任制。“规范化”建设到2000年年底基本结束。下一阶段应该进行什么建设来推进水行政执法体系建设，进一步落实水行政执法责任制呢？

水利部《水政监察工作章程》要求：“要建立廉洁、文明、高效的水政监察队伍。”笔者认为，水行政执法体系建设的最终目标是实现水行政执法的“法治化”。整个水行政执法体系建设应分四个阶段，即从建立机构、规范化建设到标准化实施，最后达到法治化的目标。从《水法》颁布实施到1995年，通过水政水资源机构建设，为组建一支保障贯彻执行《水法》的水政监察队伍奠定了坚实基础；1996~2000年推行的水政监察“规范化”建设，为建立廉洁、文明、高效的水政监察队伍创造了条件。从现在起，用5年左右时间推行水政监察“标准化”建设，为水行政执法工作步入法制轨道做好准备，再用一定时间开展水政监察“法治化”建设，使执法制度化，保障水行政执法与国际接轨，实现真正意义上的依法治水、依法管水和依法用水。

实现水政监察“标准化”建设，是步入“法治化”建设的门槛，是深入贯彻水行政执法责任制的必要措施。下面就有关“标准化”建设问题谈一些看法。

1. 水政监察标准化建设的含义

水政监察标准化建设，就是在全国制定标准的水行政执法规范，把水行政执法行为和水行政执法责任制统一起来，建立一支廉洁、文明、高效的水政监察队伍。

2. 水政监察标准化建设的意义

推行水政监察标准化建设，对于完善水行政执法体系建设和推动水利改革与发展具有重要意义。实施水政监察标准化建设是深入贯彻执行水法规的需要；是进一步推进水行政执法体系建设的需要；是深入贯彻水行政执法责任制的需要；是强化水政监察队伍、提高水行政执法力度、树立水行政执法良好形象的需要；是建立统一的水行政执法模式，保障水利改革与发展顺利发展的需要。

3. 水政监察标准化建设的目标

水政监察“标准化”建设的目标是：执法队伍廉洁化，执法管理统一化，执法行为程序化，执法文书格式化，学习培训多样化，执法统计科学化，执法装备科技化，检查监督规范化，执法行为文明化，执法成果高效化。简称为水政监察标准化“十化”建设。

（1）执法队伍廉洁化。通过水政监察规范化建设，全国水政监察专职化队伍已基本定型。但在水行政执法褌中仍然有个别水政监察人员存在着看人办事，办人事案的现象，严重影响水行政执法队伍的形象。通过执法队伍廉洁化建设，把一些政治素质差，思想落后，工作态度不好的水政监察人员清理出水政监察队伍。建立一支作风正派、公正廉洁、勇于执法、敢于维护法律权威的水行政执法队伍。

（2）执法管理统一化。通过水行政执法规范化建设，水行政执法实施了规范的水行政执法责任制目标化。但各地岗位责任制和执法目标管理责任制的内容不尽相同，在管理和考核中出现很大的差别。通过水行政执法统一化建设，综合各地适应操作的水行政执法目标管理和岗位责任制的内容，去粗取精，制定统一的水政监察岗位和目标管理的内容和标准，这样有利于加强水行政执法的监督和管理，保障水行政执法健康发展。

（3）执法行为程序化。通过水行政执法规范化建设，水行政执法人员的业务素质和执法水平普遍地得到了提高。但有的水行政执法人员不按程序办事，随意简化，对有的大案和影响重大的事件采取跳跃式的执法方法，造成了许多水行政执法败诉的结果。通过水行政执法行为程序化建设，有利于进一步强化水行政行为的合法化。

（4）执法文书格式化。通过水行政执法规范化建设，水行政执法实现了执法文书内容的标准化，水利部已对执法文书格式进行了统一。但随着时间的推移，新的法规在不断出台，原有的旧法律法规又在不断修改，所以现有执法文书的内容已不适应行政执法的要求。通过水行政执法文书的格式化建设，统一规范水行政执法过程的文字表达形式。

（5）学习培训多样化。通过水行政执法规范化建设，实施了水行政执法学习培训的制度化。但因学习培训的方式单一，造成水政监察人员学习培训枯燥疲惫。水行政执法，不仅要求水行政执法人员要有娴熟的法律知识，而且要求水政监察人员要有广博的专业技术知识和高科技技术的运用技能。通过水行政执法学习培训多样化建设，在水行政执法的教育上实施“硬件”投入，建立起全国的水行政执法培训基地，有计划有步骤地对各级水政监察人员定期进行法律和专业技术培训。

（6）执法统计科学化。通过水行政执法规范化建设，水行政执法统计实现了规范化。但是，由于在执法统计的格式上，有许多不科学的设计，造成执法统计数据不完整，内容不全面，使执法统计没有真正起到为水行政执法提供决策信息的作用。通过水行政执法统计科学建设，有利于进一步规范执法统计，保障执法统计的实效性，为水行政执法决策和理论研究提供可靠的依据。

（7）执法装备科技化。通过水行政执法规范化建设，水行政执法队伍的装备有了较大的改善。但是，由于水行政执法的经费没有具体落实，有的水政监察队伍最基本的执法装备都没有，给及时处理水事违法活动带来了困难。通过执法装备的科技化建设，水利部应在制定《水政监察队伍执法装备配置》（水政法〔2000〕254 号）的基础上，更加明确制定出各级水政监察队伍应配置的执法装备的各类和标准，并提出达标奖惩要求，保障水行政执法队伍有效实施水政监察。

（8）检查监督规范化。通过水行政执法规范化建设，水行政执法检查监督实现了经常化。但由于检查监督没有专人负责，许多工作的监督检查仅仅停留在汇报上。通过水行政执法检查监督规范化建设，建立一支专门的水行政执法督察队伍，制定水行政执法检查监督标准，保障水行政执法执法活动正常进行。

（9）执法行为文明化。通过水行政执法规范化建设，水行政执法素质普遍提高，良好的水行政执法形象正在逐步树立。通过水行政执法行为文明化建设，培养一支文明礼貌、威严高效的水政监察队伍。

（10）群众举报经常化。通过多年的锻炼，水政监察人员绝大多数是好的和比较好的，但也在个别违法违纪的事件发生。为了更好地完成水政执法任务，树立水行政主管部门的良好形象，需要社会各方面的监督和帮助。因此，建立经常性的群众举报制度十分必要。各级水行政主管部门应当设立专门的群众举报点和投诉点，以便及时了解群众对水行政执法工作和执法人员的意见。

4. 制定水政监察标准化建设的验收标准

在推进水政监察规范化建设时，对“十化”建设是否达标要求，应当由水利部政策研究部门按照贯彻执行执法责任制适当、准确、标准、合法的原则，制定出台统一的、具体的水行政执法标准化建设的规范标准。

（四）贯彻水行政执法责任制中注意的几个问题

在全面深入贯彻水行政执法责任制的过程中有几个不可忽视的问题：

1. 执法机构编制

由于在水政监察规范化建设时，不少地区的水政监察支队、大队都是事业编制，有的定了人员，有的则批了牌子没有人员，与水政水资源机构实行两块牌子，一套人马。当前全省正在进行市、县行政机关改革，有的地方连水政水资源机构都进行了撤并，水政监察机构就更难保了。这一点应引起省厅和水利部的高度重视。各级编制管理部门应当充分认识水政监察队伍的地位和作用，应当把水政监察机构作为国家的正式行政编制。水政监察人员应作为国家公务员进行管理。

2. 经费来源

任何组织的活动都离不开经费。水政监察经费主要有，人员经费、办公经费、装备经费、办案经费等。水政监察经费的来源应当由以下三个渠道解决并并由财政纳入年度预算安排。

（1）行政拨款。主要解决水政监察的人员经费，包括工资、福利、津贴等。

（2）收费提留。包括收取的水资源费和其他规费，按比例提留，主要解决水政监察的装备和办公经费。装备经费包括为保证完成水政监察任务而配备的交通、通讯、办公设备、办案工具等开支。

（3）办案收费，含实施水行政处罚罚款的提留部分。主要解决办案经费之不足。

3. 执法装备

水行政执法与其他行政执法相比，具有执法地域偏僻、特殊（如山坳或水域），执法对象法制意识淡漠，执法难度大等特点。因此，对水政监察队伍和人员应当配备必要的装备。

（1）着装。统一着装是执法队伍明显的标志。《水政监察工作章程》第十七条对着装问题提出了要求，《水政监察证件标志管理办法》（水政资〔1997〕45号）。对标志管理作了规定。在制定新的着装管理办法时，应当对水政监察人员着哪些装，每人着装的经费是多少，多少时间换装，什么场合必须着装等作出规定，并纳入水政监察目标责任制进行考核。

（2）设备。交通、通信、办公和办案设备和工具，应按水利部《水政监察队伍执法装备配置》（水政法〔2000〕254号）的要求逐步落实。这里应当特别提出的是，根据水行政执法的特殊性，应给水政监察人员配备传呼和手机，这是执法工作的需要，并不是权力和地位的象征。水利部应当制定一套有效的管理办法对使用着装、设备和工具进行保障、规范和监督，不能把给水政监察队伍和人员使用的着装、设备和工具作为清理对象。

4. 职业保障

水行政执法任务艰苦，在执法过程中与违法犯罪活动针锋相对，具有一定的危险性。因此，水政监察职业应有相应的保障措施。

（1）执法津贴。为了保证执法任务的完成，在水行政执法过程中，有时一个案件需要连续几个昼夜进行。在这个时候，水行政执法人员往往夜不能寝，日不能餐。为了保护水政监察人员的身体健康，应参照其他行政部门对执法人员进行补贴的办法，使水行政执法人员应当享受执法津贴。

（2）社会保险。水政监察人员在执法活动具有一定的危险性，为了解决水政监察人员的后顾之忧，水行政机关应当制定水政监察人员人身保险、医疗保障、养老保险等社会保障制度，加强水政监察人员的职业保障。

5. 奖惩措施

在选拔任用水政监察人员时，必须充分考虑人员素质，对水政监察人员应实行定期目标考核和不定期的职务考查制度。通过建立健全奖惩制度，对先进的和不合格的水行政执法人员，明确奖励与惩戒、升职与降职（解职）等奖惩措施。

析筑埂截水行为

筑埂截水行为是灌区灌溉工程输水管理中常见的现象，但现行水法规中没有对这一行为作出具体的规范。笔者结合水利理论学习年对相关法律法规的学习，分析提出筑埂截水行为特征和对策，为研究制定水利工程管理法规政策提供线索。

一、筑埂截水行为的现象

春灌用水高峰期，再丰沛的水资源，也十分缺乏和紧张。这一时期，我们在大堰灌区灌溉工程的输水管理中，时常遇到这样的现象：成百上千的农民“自发”地拿出木桩、竹篓、草袋和农具，在输水干渠的两堤之间，筑起一条坚实的挡水埂，把仅有的“巴沟水”避向支渠、斗渠和自家的农田，使水资源无法按计划向下游输送。笔者把这种未经水工程管理单位或水行政机关批准，擅自筑埂档水、改变水流方向的行为，称为筑埂截水行为。

二、筑埂截水行为的特点

（1）特殊性。筑埂截水的特殊性，是指筑埂截水行为与损害事实之间具有一定的因果关系。农民靠水种田，靠田生计，为不务农时，抢时争水泡田耕种而产生筑埂截水行为。

（2）规律性。筑埂截水的规律性，是指发生筑埂截水行为，一般在春耕用水期间。每到这一时期，灌区集中泡田，干渠水源大量地被上游取用而削减，中、下游一般都会发生筑埂截水行为。

（3）群众性。筑埂截水的群众性，是指在发生筑埂截水行为时，往往行为人是数十上百人。

（4）组织性。筑埂截水行为的组织性，是指发生筑埂截水行为，一般是在一定的较小的区域范围内。为了某区域群众的利益，村民委员会或社组负责人组织该区域的群众实施筑埂截水行为。

（5）危害性。筑埂截水行为的危害性，是指一旦发生筑埂截水事实，就会引起上下游争水、抢水，扰乱用水管理秩序，危及水工程设施安全。甚至发生群体械斗、出现死伤流血事件。

三、筑埂截水行为的后果

（1）扰乱秩序。春耕用水期间，水工程管理单位和水行政机关均制定有周密的配水计划和输水管理措施，以保障各种情况下广大群众集中用水泡田的需求。一旦发生筑埂截水行为，配水计划和输水措施就会因受阻而无法实施。大多数群众利益就会受到损害，用水管理秩序就无法保障。

（2）毁坏工程。春耕用水期间，越到下游水量越小，行为人极易筑埂，并形成连锁反应，多级筑埂。当用水高峰期过去时，上游来水量增大，行为人无力撤除挡水物，只好任水冲毁。由于筑埂使用的挡水物多为树桩、木棍和袋装泥土，这些挡水物在流水中冲击两堤，致使堤坝安全和工程设施受到严重威胁，甚至毁坏。

（3）发生惨案。“上游筑埂下游怒，下游抢水把命夺。”由于上游筑埂截水，使得下游滴水不见，下游群众渴盼来水，抢农时泡田保苗，上、下游产生利益冲突，争抢水、群体械斗、导致死伤流血等惨案。

四、筑埂截水行为的责任

筑埂截水行为是一种应当承担行政责任的行为，而不能理解为一种简单的民事责任行为或水事纠纷。

第一，筑埂截水行为侵害的客体，是法律保护的社会关系和社会秩序。《水法》第十二条规定：“任何单位和个人引水、蓄水、排水，不得损害公共利益和他人的合法利益。”筑埂截水行为人因引水而损害公共利益和他人的合法利益，是一种行政违法行为，应当承担行政法律责任。

第二，筑埂截水行为具有社会危害性，其行为的发生，不仅造成下游财产损失，而且危害水工程安全、扰乱用水管理秩序。因此，法律关系的双方不是处于权利义务对等的法律地位，其筑埂截水行为应当属于行政法律关系调整的范畴。

第三，由于筑埂截水行为人的主观故意或过失，危害水工程安全，应当追究其行管理法律责任；因其行为人的故意或者过失引起的惨案，或使案件“民转刑”，应当追究其治安管理法律责任，直至刑事责任。

五、筑埂截水行为的对策

（1）在水法规中把筑埂截水行为作为禁止性规范加以确定。在现行的水法规中，没有与筑埂截水行为类同的规定。《水法》第四十四条有关截水、阻水的定义，主要是指影响行洪安全而规范的截水行为。本文所指的筑埂截水行为，因具有特殊性、规律性和危害性的特点，应在相应的水法条文中作为禁止性规范行为加以确定。有利于明确水行政管理责任。

（2）深入宣传水法规，培养依法用水的法律意识。筑埂截水行为主要发生在农村，农民法律知识、法制观念和法律观点贫乏，需要通过形式多样的宣传活动，把水法规落到实处，教育农民依法用水，遵守水法水规。

（3）加强水事执法力度，及时查处筑埂截水行为组织者和行为人。春灌用水期间，筑埂截水行为的发生具有群众性和组织性的特点，水行政机关及其水政监察机构要依法及时责令行为人停止违法行为，克服“法不治众”的观念，及时对筑埂截水行为的组织者或行为人给予行政处罚。并配合司法机关及时对违反治安管理或触犯刑律的违法犯罪行为人或组织者采取相应的强制措施，给予法律制裁。

浅析水利工程水事违法案件的分类、立案要点和处罚的实施

《四川省水利工程管理条例》自 1998 年 8 月 30 日公告实施 1 年时间以来，为加强全省水利工程的管理和保护，充分发挥水利工程的综合效益，促进工农业生产和国民经济的发展提供了有力的法治保障。为了运用好《四川省水利工程管理条例》，依法管理水利工程，有利于水政监察人员准确操作《四川省水利工程管理条例》，保障水政监察队伍在水利工程管理中充分发挥执法职能作用，笔者结合学习体会，就水利工程水事违法案件的分类、立案要点和处罚的实施办法列表浅析，与同行刍议，并借此抛砖引玉。

一、《四川省水利工程管理条例》的法源及其法律规范的表现形式

《四川省水利工程管理条例》的法源是《中华人民共和国水法》等法律法规。它结合四川省实际，集法律法规中有关水利工程管理的规定于一体，是我省依法管理水利工程的地方性法规，是我省水利工程进入法治化的一个重要里程碑。

《四川省水利工程管理条例》分八章 57 条，它以授权性、义务性和禁止性法律规范的表现形式，制定了具有普遍约束力的水利工程管理的行为规则。其中第三章至第六章的 29 条条文和第七章的 13 条条文，是依法管理水利工程最重要的法律界定依据，这两部分是本文探讨的重点，也是水利工程水事案件的执法准绳。

二、水利工程水事违法案件的分类

如何操作《四川省水利工程管理条例》是水政执法人员必须研究的课题。《四川省水利工程管理条例》中对应当追究法律责任的水事违法行为的界定条文共11条。笔者认为，按照法律规范的不同目的和角度可以这样分类

（1）按照法规的结构分为违反建设管理的规定、违反安全管理的规定、违反用水管理的规定、违反经营管理的规定四大类案件。

（2）按照法律规范的表现形式分为违反禁止性规定和违反义务性规定两大类案件。

（3）按照违法性质分为违反水利法律法规的行为、违反环境保护法律法规的行为、违反治安管理法律的行为和触犯刑事法律的行为四大类案件。

（4）按照承担法律的责任分为承担民事责任的行为、承担行政责任的行为和承担刑事责任的行为三大类案件。

（5）按照发生行政违法的行为分为未经批准实施的行为、侵害水利工程的行为、侵害他人利益的行为三大类案件。

本文从《四川省水利工程管理条例》的结构入手，将水利工程水事违法行为分为违反建设管理的规定、违反安全管理的规定、违反用水管理的规定、违反经营管理的规定四大类案件。其案别可分为11种，共有42种水事违法行为（见表1）。

三、水利工程水事违法案件的立案要点

水利工程水事违法案件的受理和立案必须遵循立案的三个基本条件，即是否具有违反《四川省水利工程管理条例》的事实；是否应当追究法律责任；是否属于本部门管辖的职责范围。这三个条件是查处水利工程水事违法案件的前提。如果同时符合上述三项条件，则应当受理并立案查处；如果不符合上述三项条件，不能立案的，须即时通知交办、移送的单位和举报人。如果符合上述三项条件，但不属于本部门管辖的，应及时移送有管辖权的执法机关。

水利工程水事违法案件的立案要点，就是《四川省水利工程管理条例》中界定的水事违法行为的事实。水政监察人员在审查水利工程水事违法行为

的事实时，必须对照《四川省水利工程管理条例》“对号入座”。做到准确无误（见表1中的立案要点）。表中的“立案要点”用于受理案件初审时参考。

四、正确实施水利工程水事违法案件的行政处罚

水利工程水事违法案件的执法主体是县级以上水行政主管部门。《四川省水利工程管理条例》第五十三条还规定对部分执法权可由县级以上水行政主管部门委托国有水利工程管理单位实施。

在实施行政处罚中，要掌握好尺度（见表1中的实施办法）。

水利工程水事违法案件的行政处罚主要是罚款。罚款的限额为1万元以下。依照其他有关法律法规处罚的，应将水事违法案件移送有关机关处罚。这些机关主要是司法、公安、环保、林业、渔政等机关（部门）。

除水行政处罚外，《四川省水利工程管理条例》中承担行政责任的方式主要是行政制裁，包括：责令停止违法行为、责令恢复原状、责令限期拆除、责令赔偿、责令采取补救措施、责令限期交费（包括加收滞纳金）等七种处理办法。在实施行政制裁措施时，水政监察机构应当制作《水事违法行为裁定书》。

此外，供水单位还可采取减少供水、停止供水等制裁措施。对水政执法人员或水利工程管理单位及其工作人员违反《四川省水利工程管理条例》规定的，给予行政处分，触犯刑律的，依法追究刑事责任。

表 1　水利工程水事违法案件的分类、立案要点和处罚实施办法一览

案类	案别	水事违法行为	立案要点	违法条款	处罚条款	实施办法	备注
违犯建设管理规定案	未经批准建设施工案	水利工程建设施工	(1) 未经水行政主管部门审查批准； (2) 未按国家规定办理报批手续； (3) 进场施工	第十四条	第四十二条	(1) 责令停止施工； (2) 责令恢复原状； (3) 责令赔偿损失。可并处 5000 元以下罚款	
		在水利工程管理范围内建设	(1) 未征得水利工程管理单位同意； (2) 未经水行政主管部门审查批准； (3) 进场施工	第十七条			
违犯安全管理规定案	损毁水利工程案	损毁水利工程建筑物	故意或过失损毁水利工程建筑物，使其改变了原有状态	第二十二条	第四十三条	(1) 责令停止违法行为； (2) 责令恢复原状； (3) 责令赔偿损失。可并处 10000 元以下罚款	
		损毁水利工程附属设施	故意或过失损毁水利工程及其控制、观察、防汛、通信、输变电、水文、交通等附属设施，使其失去应有功能				
		在专用通信线路上搭接广播线	在专用通讯线路上擅自搭接广播线				

续表

案类	案别	水事违法行为	立案要点	违法条款	处罚条款	实施办法	备注
违犯安全管理规定案	危害水利工程安全案	在水利工程管理范围内爆破 在水利工程管理范围内建窑 在水利工程管理范围内埋坟 在水利工程管理范围内打井 在水利工程管理范围内开矿	在水利工程管理范围内实施了禁止活动的行为	第二十三条第（一）项	第四十四条第一款	（1）责令停止违法行为； （2）责令限期拆除； （3）责令恢复原状； （4）责令赔偿损失。可并处10000元以下罚款	
		在坝（渠）堤上建筑	在水利工程管理范围内实施了禁止活动的行为	第二十三条第（二）项	第四十四条第二款	（1）责令限期拆除； （2）责令恢复原状； （3）责令停止违法行为。可并处5000元以下罚款	
		在坝（渠）堤上种植 在坝（渠）堤上铲草 在坝（渠）堤上从事集市贸易				责令停止违法行为，可并处5000元以下罚款	
		在水利工程管理范围内倾倒垃圾 在水利工程管理范围内倾倒废渣 在水利工程管理范围内倾倒尾矿 在水利工程管理范围内堆放杂物 在水利工程管理范围内掩埋污染水体的物体	在水利工程管理范围内实施了禁止活动的行为	第二十三条第（三）项	第四十四条第一款	（1）责令停止违法行为； （2）责令限期拆除； （3）责令恢复原状； （4）责令赔偿损失。可并处10000元以下罚款	

续表

<table>
<tr><th>案类</th><th>案别</th><th>水事违法行为</th><th>立案要点</th><th>违法条款</th><th>处罚条款</th><th>实施办法</th><th>备注</th></tr>
<tr><td rowspan="13">违犯安全管理规定案</td><td rowspan="5">危害水利工程安全案</td><td>向水域排入超过国家标准的污水</td><td>在水利工程管理范围内实施了禁止活动的行为</td><td>第二十三条第（四）项</td><td rowspan="3">第四十四条第三款</td><td rowspan="3">依照有关法律、法规处罚</td><td rowspan="3"></td></tr>
<tr><td>违法砍伐水利工程绿化林木</td><td rowspan="2">在水利工程管理范围内实施了禁止活动的行为</td><td rowspan="2">第二十三条第（五）项</td></tr>
<tr><td>违法砍伐水利工程防护林木</td></tr>
<tr><td>在水利工程管理范围内炸鱼</td><td rowspan="2">在水利工程管理范围内实施了禁止活动的行为</td><td rowspan="2">第二十三条第（六）项</td><td rowspan="2">第四十四条第一款</td><td rowspan="2">（1）责令停止违法行为；
（2）责令限期拆除；
（3）责令恢复原状；
（4）责令赔偿损失。可并处 10000 元以下罚款</td><td rowspan="2"></td></tr>
<tr><td>在水利工程管理范围内毒鱼</td></tr>
<tr><td rowspan="8">危及水利工程安全及污染水源案</td><td>在水利工程保护范围内爆破</td><td rowspan="8">在水利工程保护范围内实施了危及水利工程安全或污染水源的行为</td><td rowspan="8">第二十四条</td><td rowspan="8">第四十五条</td><td rowspan="8">（1）责令停止违法行为；
（2）责令赔偿损失；
（3）责令采取补救措施。可并处 10000 元以下罚款</td><td rowspan="8"></td></tr>
<tr><td>在水利工程保护范围内打井</td></tr>
<tr><td>在水利工程保护范围内采石</td></tr>
<tr><td>在水利工程保护范围内取土</td></tr>
<tr><td>在水利工程保护范围内陡坡开荒</td></tr>
<tr><td>在水利工程保护范围内伐木</td></tr>
<tr><td>在水利工程保护范围内建筑</td></tr>
<tr><td>在水利工程保护范围内开矿</td></tr>
</table>

续表

案类	案别	水事违法行为	立案要点	违法条款	处罚条款	实施办法	备注
违犯安全管理规定案	擅自操作设备案	擅自操作水利工程设备	非水利工程管理人员擅自操作水利工程设备，造成了损失	第二十六条	第四十六条	赔偿损失，可并处 500 元以下罚款	
违犯用水管理规定案	无故减少供水案	无正当理由变更供水计划	（1）无故改变供水计划或不按计划供水； （2）给用水单位造成了损失	第三十一条	第四十七条	（1）责令按原计划供水； （2）赔偿损失	
	滞纳水费案	不按规定交纳水费	（1）未按规定的时间或数额交清水费； （2）在责令限期交纳到期时仍不交纳	第三十四条	第四十八条	（1）责令限期交纳，并每日加收应交水费 2% 的滞纳金； （2）减少供水； （3）停止供水	第（2）（3）点由供水单位实施
违犯经营管理规定案	侵占水利工程管理范围案	侵占水利工程管理范围的水域	侵占了水利工程管理范围的水域使用权	第三十六条	第四十九条	责令限期归还，可并处 2000 以下的罚款	造成损失的应予赔偿
		侵占水利工程管理范围土地	侵占了水利工程管理范围的土地使用权				

续表

案类	案别	水事违法行为	立案要点	违法条款	处罚条款	实施办法	备注
违犯经营管理规定案	未经批准利用水土资源经营案	利用水利工程的水土资源开展旅游经营活动	单位和个人未经水利工程管理单位同意，利用水利工程的水土资源开展旅游或者养殖经营活动	第三十七条第一款	第五十条第一款	责令停止违法行为，可并处3000元以下罚款	
		利用水利工程的水土资源开展水产养殖经营活动					
		在利用水利工程的水土资源开展经营活动中，破坏生态环境	(1) 未经有管辖权的水行政主管部门批准，利用水利工程的水土资源开展经营活动； (2) 在利用水利工程的水土资源开展经营活动中影响工程安全和运行； (3) 在利用水利工程的水土资源开展经营活动中破坏了生态环境或发生污染水体	第三十七条第二款			
		在利用水利工程的水土资源开展经营活动中，污染水体			第五十条第二款	依照有关法律、法规处罚	
	向渠道排放弃水案	向水利工程渠道排放弃水	(1) 未经净化处理的弃水排入水利工程渠道； (2) 未经水利管理单位同意或有管辖权的水行政主管部门批准，向水利工程常年排放弃水	第四十条	第五十条第一款	责令停止违法行为，可并处3000元以下罚款	

△本文编入1999年10月《眉山水政》（第一集）。

通济堰赋

宝资山垠，南河汇江。西汉蜀守文翁睿目，新津城南，石篓筑堰，截江河界，开六门引水南下，溉彭眉平坝，始成鱼米之乡。两千余年，饱经沧桑。兵家争道，古战不休，天常不测，洪旱互殃。长堤三百丈，年毁又重筐。盛唐朕耕，兴水利农，益州长史章仇兼琼，重建堰坝，还灌域光芒。大宋重农，丰富物产，灌面扩至卅四万亩，水润天府，与都江堰甲蜀成双。农天下之本，水万物命脉，诸朝历代，政要大事，民以食为天，国以粮为纲。新中国成立后，庚即治堰，整修渠道，淘淤搪漏，长远规创。五期扩建，渠达青神，规模至佳，水通四县，五十二万亩沃田，稻花飘香，谷粟满仓。改革廿年，万事立、百业兴，西部大开发，举国奔小康。堰人廉敬，传承主业，弘扬堰制，力争项目，多次呈情，倾动中央。专家裁断，独盘续建，挽历来多难土堤，治古堰百孔千疮。三个五年，中央投资，经费过亿，改弯宽烂，让土渠披砼装。建新闸坝，蓄水解缺，防洪排沙，造水环境，创和谐水利之邦。古建今仍用，富庶民一方，世有几多？屈指可数，传奇治堰经验，赫显堰史篇章。蚕丛开蜀，依蚕桑兴邦；鳖灵平水，让民得陆处；李冰治水，益成都平原；文翁建堰，泽平畴武阳。昔日堰水，滋润养生文化，人寿年丰；浇淋忠纲孝密，冰魂雪魄；沐浴三苏父子，荟萃一堂。如今灌区，物产丰饶，工农发达，环境优雅，物阜民康，百姓安泰，不知饥馑，千年地利人和，古堰身显名扬。伟绩归功于：政府开明，先辈睿思，治堰有术，管堰有方。千古流金，万代灌域，幸福源泉；柱石四民，爱堰如宝，感慨激昂。亘古通今，洞鉴废兴，治水农丰，造堰赢粮。堰能久运，官重之，民护之，堰人站岗。堰水文化底蕴浓，古堰历史丰碑多，建好渠堰，管好水务，造福生态，惠民万代，通济堰永存，灌区物遐昌。

后　记

首先，十分感谢知识产权出版社“来出书”为广大学术研究者提供学术成果出书平台。

本书为个人论文集，该集中大部分论文已编入国际、国内相关学术会议论文集和有关文集，个别论文首次发表。诚挚地感谢倪修武同志合著《通济堰名研究》和《通济堰赋》、陈明芳同志合著《财政补贴大型灌区水费现实意义刍议》和《通济堰水利工程续建配套与节水改造成果带给大旱之年的反思》、张茂华同志合著《关于通济堰灌区建立农民用水户协会之思考》。在撰写论文过程中受到了中国水利学会水利史研究会、四川省水利厅、都江堰管理局、眉山市水务局、通济堰管理处的相关领导和专家指导，在编辑过程中得到了知识产权出版社涉及本书工作人员和领导的大力支持，在此一并致以崇高的敬意和衷心的感谢！

由于本人知识水平有限，错误和不当之处，敬请业内人士和读者批评指正。

著者

2015 年 3 月